农业工程项目建设标准

（2012）

农业部发展计划司　编

中国农业出版社

目　　录

ICS 65.040
B 91

中华人民共和国农业行业标准

NY/T 2148—2012

高标准农田建设标准

Criterion of high standard farmland

2012-03-01 发布　　2012-03-01 实施

中华人民共和国农业部　发布

目　次

前　　言

本标准按照 GB/T 1.1—2009 给出的规则起草。

本标准由中华人民共和国农业部农产品质量安全监管局提出。

本标准由中华人民共和国农业部发展计划司归口。

本标准起草单位:农业部工程建设服务中心。

本标准起草协作单位:全国农业技术推广服务中心、中国农业科学院农业环境与可持续发展研究所、农业部农业机械化技术开发推广总站、中国农业大学。

本标准主要起草人:李书民、彭世琪、黄洁、崔勇、李光永、严昌荣、张树阁、张铁军、王海鹏、赵秉强、王蕾、洪俊君。

高标准农田建设标准

1 范围

本标准规定了高标准农田建设术语、区域划分、农田综合生产能力、高标准农田建设内容、田间工程、选址条件和投资估算等方面的内容。

本标准适用于高标准农田项目的规划、建议书、可行性研究报告和初步设计等文件编制以及项目的评估、建设、检查和验收。

2 规范性引用文件

下列文件对于本文件的应用是必不可少的。凡是注日期的引用文件，仅注日期的版本适用于本文件。凡是不注日期的引用文件，其最新版本(包括所有的修改单)适用于本文件。

GB 5084 农田灌溉水质标准

GB 15618 土壤环境质量标准

GB 50265 泵站设计规范

GB/T 50363 节水灌溉工程技术规范

NY 525 有机肥料

NY/T 1716 农业建设项目投资估算内容与方法

3 术语和定义

下列术语和定义适用于本文件。

3.1

高标准农田 high standard farmland

指土地平整，集中连片，耕作层深厚，土壤肥沃无明显障碍因素，田间灌排设施完善，灌排保障较高，路、林、电等配套，能够满足农作物高产栽培、节能节水、机械化作业等现代化生产要求，达到持续高产稳产、优质高效和安全环保的农田。

3.2

农田综合生产能力 integrate grain productivity

指一定时期和一定经济技术条件下，由于生产要素综合投入，农田可以稳定达到较高水平的粮食产出能力。生产要素包括农田基础设施、土壤肥力以及优良品种、灌溉、施肥、植保和机械作业等农业技术。

3.3

工程质量保证年限 period of project quality guaranteed

指项目建成后，保证工程正常发挥效益的使用年限。

3.4

田块 plot

田间末级固定设施所控制(不包括水田的田埂)的最小范围。

3.5

田面平整度 field level

在一定的地表范围内两点间相对水平面的垂直坐标值之差的最大绝对值。

3.6

田间道路通达度　plot accessibility

集中连片田块中，田间道路直接通达的田块数占田块总数的比率。田间道路通达度用十分法表示，最大值为1.0。

4　区域划分

根据全国行政区划，结合不同区域的气候条件、地形地貌、障碍因素和水源条件等，将全国高标准农田建设区域划分为东北区、华北区、东南区、西南区和西北区5大区、15个类型区。全国高标准农田建设区域划分见附录A。

5　农田综合生产能力

5.1　农田综合生产能力

农田综合生产能力以粮食产量为衡量标准，以不同区域高产农田水稻、小麦或玉米等粮食作物应达到的产量标准为依据，其他作物可折算成粮食作物产量。不同区域高标准农田综合生产能力见附录B。

5.2　农业先进科技配套

5.2.1　农业机械作业水平

农业机械作业水平包括耕、种、收单项作业机械化水平和综合作业机械化水平两类指标。高标准农田的农机综合作业水平在东北区、华北区应达到85%以上，在西北区、东南区应达到65%以上，在西南区应达到40%以上。不同区域高标准农田农业机械作业水平见附录C。

5.2.2　农艺技术配套

高标准农田的优良品种覆盖率应达到95%以上，测土配方施肥覆盖率应达到90%以上，病虫害统防统治覆盖率应达到50%以上，实行保护性耕作技术和节水农业技术。以县为单位开展的墒情监测和土壤肥力监测服务应覆盖到高标准农田。

6　高标准农田建设内容

6.1　建设内容

主要由田间工程和田间定位监测点构成。

6.2　田间工程

高标准农田田间工程主要包括土地平整、土壤培肥、灌溉水源、灌溉渠道、排水沟、田间灌溉、渠系建筑物、泵站、农用输配电、田间道路及农田防护林网等内容，以便于农业机械作业和农业科技应用，全面提高农田综合生产水平，保持持续增产能力。

6.3　田间定位监测点

包括土壤肥力、墒情和虫情定位监测点的配套设施和设备，主要服务于土壤肥力、土壤墒情和虫害的动态监测与自动测报。

7　田间工程

7.1　土地平整

土地平整包括田块调整与田面平整。田块调整是将大小或形状不符合标准要求的田块进行合并或调整，以满足标准化种植、规模化经营、机械化作业、节水节能等农业科技的应用。田面平整主要是控制田块内田面高差保持在一定范围内，尽可能满足精耕细作、灌溉与排水的技术要求。

7.1.1　田块大小与连片规模

田块的大小依据地形进行调整，原则上小弯取直、大弯随弯。田块方向应满足在耕作长度方向上光照时间最长、受光热量最大要求；丘陵山区田块应沿等高线调整；风蚀区田块应按当地主风向垂直或与主风向垂直线的交角小于30°的方向调整。田块建设应尽可能集中连片，连片田块的大小和朝向应基本一致。高标准农田连片与田块规模见附录D。

7.1.2 田块形状

田块形状选择依次为长方形、正方形、梯形或其他形状，长宽比一般应控制在4～20∶1。田块长度和宽度应根据地形地貌、作物种类、机械作业效率、灌排效率和防止风害等因素确定。

7.1.3 田面平整

田面平整以田面平整度指标控制，包含地表平整度、横向地表坡降和纵向地表坡降3个指标。水稻种植田块以格田为平整单元，其横向地表坡降和纵向地表坡降应尽可能小；地面灌溉田块应减小横向地表坡降，喷灌微灌田块可适当放大坡降，纵向坡降根据不同区域的土壤和灌溉排水要求确定。高标准农田田面平整度见附录E。

7.1.4 田坎

平整土地形成的田坎应有配套工程措施进行保护。应因地制宜地采用砖、石、混凝土、土体夯实或植物坎等保护方式。

7.1.5 土体及耕作层

土体及耕作层建设是使农田土体厚度与耕作层土壤疏松程度满足作物生长及施肥、蓄水保墒等需求。

一般耕地的土体厚度应在100 cm以上。山丘区及滩地的土体厚度应大于50 cm，且土体中无明显黏盘层、砂砾层等障碍因素。

一般耕作层深度应大于25 cm。旱作农田应保持每隔3年～5年深松一次，使耕作层深度达到35 cm以上。水稻种植田块耕作层应保持在15 cm～20 cm，并留犁底层。高标准农田土体和耕作层厚度见附录F。

7.2 土壤培肥

高标准农田应实施土壤有机质提升和科学施肥等技术措施，耕作层土壤养分常规指标应达到当地中等以上水平。

7.2.1 土壤有机质提升。主要包括秸秆还田、绿肥翻压还田和增施有机肥等。每年作物秸秆还田量不小于4 500 kg/hm²（干重）。南方冬闲田和北方一季有余两季不足的夏闲田应推广种植绿肥，或通过作物绿肥间作种植绿肥。有机肥包括农家肥和商品有机肥。农家肥按22 500 kg/hm²～30 000 kg/hm²标准施用，商品有机肥按3 000 kg/hm²～4 500 kg/hm²标准施用。土壤有机质提升措施至少应连续实施3年以上。商品有机肥应符合NY 525的要求。

7.2.2 推广科学施肥技术。应根据土壤养分状况确定各种肥料施用量，对土壤氮、磷、钾及中微量元素、有机质含量、土壤酸化和盐碱等状况进行定期监测，并根据实际情况不断调整施肥配方。高标准农田耕作层土壤有机质和酸碱度见附录G。

7.2.3 坡耕地修成梯田时，应将熟化的表土层先行移出，待梯田完成后，将表土层回覆到梯田表层。新修梯田和农田基础设施建设中应尽可能避免打乱表土层与底层生土层，并应连续实施土壤培肥5年以上。

7.2.4 耕作层土壤重金属含量指标应符合GB 15618的要求，影响作物生长的障碍因素应降到最低限度。

7.3 灌溉水源

7.3.1 应按不同作物及灌溉需求实现相应的水源保障。水源工程质量保证年限不少于20年。

7.3.2 井灌工程的井、泵、动力、输变电设备和井房等配套率应达到100%。

7.3.3 塘堰容量应小于100 000 m³，坝高不超过10 m，挡水、泄水和放水建筑物等应配套齐全。

7.3.4 蓄水池容量控制在2 000 m³以下。蓄水池边墙应高于蓄水池最高水位0.3 m～0.5 m，四周应修建1.2 m高度的防护栏，以保证人畜等的安全。南方和北方地区亩均耕地配置蓄水池的容积应分别不小于 8 m^3 和 30 m^3。

7.3.5 小型蓄水窖(池)容量不小于 30 m^3。集雨场、引水沟、沉沙池、防护围栏、泵管等附属设施应配套完备。当利用坡面或公路等做集雨场时,每 50 m^3 蓄水容积应有不少于 667 m^2 的集雨面积,以保证足够的径流来源。

7.3.6 灌溉水源应符合 GB 5084,禁止用未经处理过的污水进行灌溉。

7.4 灌溉渠道

7.4.1 渠灌区田间明渠输配水工程包括斗、农渠。工程质量保证年限不少于 15 年。

7.4.2 渠系水利用系数、田间水利用系数和灌溉水利用系数应符合 GB/T 50363 的要求:渠灌区斗渠以下渠系水利用系数应不小于 0.80;井灌区采用渠道防渗的渠系水利用系数应不小于 0.85,采用管道输水的水利用系数不应小于 0.90;水稻灌区田间水利用系数应不小于 0.95,旱作物灌区田间水利用系数不应小于 0.90;井灌区灌溉水利用系数应不小于 0.80,渠灌区灌溉水利用系数不应小于 0.70,喷灌、微喷灌区灌溉水利用系数不应小于 0.85,滴灌区不应小于 0.90。高标准农田灌溉工程水平见附录 H。

7.4.3 平原地区斗渠斗沟以下各级渠沟宜相互垂直,斗渠长度宜为 1 000 m～3 000 m,间距宜为 400 m～800 m;末级固定渠道(农渠)长度宜为 400 m～800 m,间距宜为 100 m～200 m,并应与农机具宽度相适应。河谷冲积平原区、低山丘陵区的斗渠、农渠长度可适当缩短。

7.4.4 斗渠和农渠等固定渠道宜进行防渗处理,防渗率不低于 70%。井灌区固定渠道应全部进行防渗处理。

7.4.5 固定渠道和临时渠道(毛渠)应配套完备。渠道的分水、控水、量水、联接和桥涵等建筑物应完好齐全;末级固定渠道(农渠)以下应设临时灌水渠道。不允许在固定输水渠道上开口浇地。

7.4.6 井灌区采用管道输水,包括干管和支管两级固定输水管道及配套设施。干管和支管在灌区内的长度宜为 90 m/hm^2～150 m/hm^2;支管间距宜采用 50 m～150 m。各用水单位应设置独立的配水口,单口灌溉面积宜在 0.250 hm^2～0.60 hm^2,出水口或给水栓间距宜为 50 m～100 m。单个出水口或给水栓的流量应满足本标准 7.6.1 中灌水沟畦与格田对入沟或单宽流量的要求。

7.4.7 固定输水管道埋深应在冻土层以下,且不少于 0.6 m。输水管道及其配套设施工程质量保证年限不少于 15 年。井灌区采用明渠输水的斗渠、斗沟设置参见 7.4.3。

7.5 排水沟

7.5.1 排水沟要满足农田防洪、排涝、防渍和防治土壤盐渍化的要求。

7.5.2 排水沟布置应与田间其他工程(灌渠、道路、林网)相协调。在平原、平坝地区一般与灌溉渠分离;在丘陵山区,排水沟可选用灌排兼用或灌排分离的形式。高标准农田排水工程水平见附录 I。

7.5.3 根据作物的生长需要,无盐碱防治需求的农田地下水埋深不少于 0.8 m。有防治盐碱要求的区域返盐季节地下水临界深度应满足表 1 的规定。

表 1 盐碱化防治需求地区地下水临界深度

单位为米

土 质	地下水矿化度,g/L			
	<2	2～5	>5～10	>10
沙壤土、轻壤土	1.8～2.1	2.1～2.3	2.3～2.5	2.5～2.8
中壤土	1.5～1.7	1.7～1.9	1.8～2.0	2.0～2.2
重壤土、黏土	1.0～1.2	1.1～1.3	1.2～1.4	1.3～1.5

7.5.4 排涝农沟采用排灌结合的末级固定排灌沟、截流沟和防洪沟,应采用砖、石、混凝土衬砌,长度宜

在200 m～1 000 m之间。斗沟长度宜为800 m～2 000 m，间距宜为200 m～1 000 m。山地丘陵区防洪斗沟、农沟的长度可适当缩短。斗沟的间距应与农沟的长度相适应，宜为200 m～1 000 m。高标准农田排水沟深度和间距见附录J。

7.5.5 田间排水沟(管)工程质量保证年限应不少于10年。

7.6 田间灌溉

根据水源、作物、经济和生产管理水平，田间灌溉应采用地面灌溉、喷灌和微灌等形式。

7.6.1 地面灌溉。旱作农田灌水沟的长度、比降和入沟流量可按表2确定。灌水沟间距应与采取沟灌作物的行距一致，沟灌作物行距一般为0.6 m～1.2 m。旱作农田灌水畦长度、比降和单宽流量可按表3确定，畦田不应有横坡，宽度应为农业机具作业幅宽的整倍数，且不宜大于4 m。

表2 灌水沟要素

土壤透水性，m/h	沟长，m	沟底比降	入沟流量，L/s
强(>0.15)	50～100	>1/200	0.7～1.0
	40～60	1/200～1/500	0.7～1.0
	30～40	<1/500	1.0～1.5
中(0.10～0.15)	70～100	>1/200	0.4～0.6
	60～90	1/200～1/500	0.6～0.8
	40～80	<1/500	0.6～1.0
弱(<0.10)	90～150	>1/200	0.2～0.4
	80～100	1/200～1/500	0.3～0.5
	60～80	<1/500	0.4～0.6

表3 灌水畦要素

土壤透水性，m/h	畦长，m	畦田比降	单宽流量，L/(s·m)
强(>0.15)	60～100	>1/200	3～6
	50～70	1/200～1/500	5～6
	40～60	<1/500	5～8
中(0.10～0.15)	80～120	>1/200	3～5
	70～100	1/200～1/500	3～6
	50～70	<1/500	5～7
弱(<0.10)	100～150	>1/200	3～4
	80～100	1/200～1/500	3～4
	60～90	<1/500	4～5

平原水田的格田长度宜为60 m～120 m，宽度宜为20 m～40 m，山地丘陵区应根据地形适当调整。在渠沟上，应为每块格田设置进排水口。受地形条件限制必须布置串灌串排格田时，串联数量不得超过3块。

7.6.2 喷灌。喷灌工程包括输配水管道、电力、喷灌设备及附属设施等。喷灌工程固定设施使用年限不少于15年。在北方蒸发量较大的区域，不宜选择喷口距离作物大于0.8 m的喷灌设施。

7.6.3 微灌。微灌包括微喷、滴灌和小管出流(或涌泉灌)等形式，由首部枢纽、输配水管道及滴灌管(带)或灌水器等构成。微灌系统以蓄水池为水源时，应具备过滤装置；从河道或渠道中取水时，取水口处应设置拦污栅和集水池；采用水肥一体化时，首部系统中应增设施肥设备。微灌工程固定设施使用年限不少于15年。

7.7 渠系建筑物

渠系建筑物指斗渠(含)以下渠道的建筑物，主要包括农桥、涵洞、闸门、跌水与陡坡、量水设施等。渠系建筑物应配套完整，其使用年限应与灌排系统总体工程相一致，总体建设工程质量保证年限应不少于15年。

7.7.1 农桥。农桥应采用标准化跨径。桥长应与所跨沟渠宽度相适应，不超过15 m。桥宽宜与所连接道路的宽度相适应，不超过8 m。三级农桥的人群荷载标准不应低于3.5 kN/m^2。

7.7.2 涵洞。渠道跨越排水沟或穿越道路时，宜在渠下或路下设置涵洞。涵洞根据无压或有压要求确定拱形、圆形或矩形等横断面形式。承压较大的涵洞应使用管涵或拱涵，管涵应设混凝土或砌石管座。涵洞洞顶填土厚度应不小于1 m，对于衬砌渠道则不应小于0.5 m。

7.7.3 水闸。斗、农渠系上的水闸可分为节制闸、进水闸、分水闸和退水闸等类型。在灌溉渠道轮灌组分界处或渠道断面变化较大的地点应设节制闸；在分水渠道的进口处宜设置分水闸；在斗渠末端的位置要设退水闸；从水源引水进入渠道时，宜设置进水闸控制入渠流量。

7.7.4 跌水与陡坡。沟渠水流跌差小于5 m时，宜采用单级跌水；跌差大于5 m时，应采用陡坡或多级跌水。跌水和陡坡应采用砌石、混凝土等抗冲耐磨材料建造。

7.7.5 量水设施。渠灌区在渠道的引水、分水、泄水、退水及排水沟末端处应根据需要设置量水堰、量水槽、量水器、流速仪等量水设施；井灌区应根据需要设置水表。

7.8 泵站

7.8.1 泵站分为灌溉泵站和排水泵站。泵站的建设内容包括水泵、泵房、进出水建筑物和变配电设备等。各项标准的设定应符合GB 50265的要求。

7.8.2 灌溉泵站以万亩作为基本建设单元，支渠(含)以下引水和提水工程装机设计流量应根据设计灌溉保证率、设计灌水率、灌溉面积、灌溉水利用系数及灌区内调蓄容积等综合分析计算确定，宜控制在1.0 m^3/s以下。

7.8.3 排水泵站以万亩作为基本建设单元，排涝设计流量及其过程线应根据排涝标准、排涝方式、排涝面积及调蓄容积等综合分析计算确定，宜控制在2.0 m^3/s以下。

7.8.4 泵站净装置效率不宜低于60%。

7.9 农用输配电

7.9.1 农用输配电。主要为满足抽水站、机井等供电。农用供电建设包括高压线路、低压线路和变配电设备。

7.9.2 输电线路。低压线路宜采用低压电缆，应有标志。地埋线应敷设在冻土层以下，且深度不小于0.7 m。

7.9.3 变配电设施。宜采用地上变台或杆上变台，变压器外壳距地面建筑物的净距离不应小于0.8 m；变压器装设在杆上时，无遮拦导电部分距地面应不小于3.5 m。变压器的绝缘子最低瓷裙距地面高度小于2.5 m时，应设置固定围栏，其高度宜大于1.5 m。

7.10 田间道路

田间道路包括机耕路和生产路。

7.10.1 机耕路。机耕路包括机耕干道和机耕支道。机耕路建设应能满足当地机械化作业的通行要求，通达度应尽可能接近1。

机耕干道应满足农业机械双向通行要求。路面宽度在平原区为6 m～8 m，山地丘陵区为4 m～6 m。机耕干道宜设在连片田块单元的短边，与支、斗沟渠协调一致。

机耕支道应满足农业机械单向通行要求。路面宽度平原区为3 m～4 m，北方山地丘陵区为2 m～3 m，南方山地丘陵区为1.5 m～2 m。机耕支道宜设在连片田块单元的长边，与斗、农沟渠协调一致，并设置必要的错车点和末端掉头点。

机耕路的路面层可选用砂石、混凝土、沥青等类型路面。北方宜用砂石路面或混凝土路面，南方多雨宜采用混凝土路面或沥青混凝土路面。

7.10.2 生产路。生产路应能到达机耕路不通达的地块，生产路的通达度一般在0.1～0.2之间。

生产路主要用于生产人员及人畜力车辆、小微型农业机械通行，路面宽度为1 m～3 m。生产路可沿沟渠或田埂灵活设置。生产路的路面层在不同区域可有所差异，北方宜采用砂石路，南方宜采用混凝土、泥结石或石板路。

7.10.3 机耕道与生产路布设。机耕支道与生产道是机耕干道的补充，以保证田间路网布设密度合理。在平原区，每两条机耕道间设一条生产路；在山地丘陵区可按梳式结构，在机耕道一侧或两侧设置多条生产路。机耕道及生产路的间隔可根据地块连片单元的大小和走向等确定。

7.11 农田防护林网

在东北、西北的风沙区和华北、西北的干热风等危害严重的地区须设置农田防护林网。

7.11.1 林网密度。风沙区农田防护林网密度一般占耕地面积的5%～8%，干热风等危害地区为3%～6%，其他地区为3%。一般农田防护林网格面积应不小于20 hm^2。农田防护林网占耕地比例见附录K。

7.11.2 林带方向。主防护林带应垂直于当地主风向，沿田块长边布设；副林带垂直于主防护林带，沿田块短边布设。林带应结合农田沟渠配置。

7.11.3 林带间距。一般林带间距约为防护林高度的20倍～25倍，主林带宽3 m～6 m，西北地区主林带宽度按4 m～8 m设置，栽3行～5行乔木，1行～2行灌木；副林带宽2 m～3 m，栽1行～2行乔木，1行灌木。防护林应尽可能作到与护路林、生态林和环村林等相结合，减少耕地占用面积。

8 建设区选择

高标准农田建设项目应严格选择建设地点。除不可抗力影响外，项目建成后能够保证工程设施至少15年发挥设计效益，建成后的农田综合生产能力达到高产水平。

8.1 选址原则

高标准农田建设区应选择在集中连片、现有条件较好、增产潜力大的耕地，优先选择现有基本农田。建成后，应保持30年内不被转为非农业用地。高标准农田建设区选址分为灌区项目选址和旱作区项目选址。

8.2 灌区项目选址

灌区的高标准农田建设区项目应具备可利用水资源条件，干、支骨干渠系及相关外部水利设施完善，水质符合灌溉水质标准，能够满足农田灌溉需求。高标准农田建设后能显著提高水资源利用效率，达到排涝防洪标准。

8.3 旱作区项目选址

旱作区的高标准农田建设区应土地平坦或已完成坡改梯，土层深厚，便于实施集雨工程和机械化作业等规模化生产，能提高土壤蓄水保墒能力，显著提高降水利用率和利用效率，增强农田抗旱能力。

8.4 其他基础条件

建设区应水土资源条件较好，耕地相对集中连片，连片规模应不小于附录D的规定；交通方便，具备10 kV农业电网及其他动力配备；农机具配套应满足附录L的规定。

9 投资估算

高标准农田建设投资应以田间工程建设为重点，配套土壤肥力、墒情和虫情监测设施。本标准投资估算指标以建设工程质量保证年限标准为基础，以编制期市场价格为测算依据。项目区工程及材料价格与本估算指标不一致时，可按当地实际价格进行调整。

9.1 田间工程主要内容及估算

田间工程包括土地平整、土壤培肥、灌溉水源、灌溉渠道、排水沟、渠系建筑物、田间灌溉、泵站、农用输配电、田间道路和农田防护林网等内容。按高标准农田建设要求，工程建设投资主要内容及估算指标见表4。

表4 田间工程建设投资主要内容及估算指标

序号	工程名称	计量单位	估算指标 元	主要内容及标准
1	土地平整			
1.1	土地平整	hm^2	2 250～4 500	平整厚度在30 cm以内，采用机械平整方式。主要包括破土开挖、推土、回填和平整等土方工程
1.2	土体及耕作层改造	hm^2	3 000～5 250	主要包括深耕作业。坡改梯耕层改造主要包括土体厚度达到50 cm，表土回填。按每间隔3年～5年深松一次计算，使耕作层深度达到35 cm以上
1.3	田坎(埂)	m	30～150	主要包括砖、石、混凝土或植物坎
2	土壤培肥	hm^2	2 250～3 000	主要包括秸秆还田、绿肥翻压还田、土壤酸化治理、增施有机肥等，应连续实施3年以上
3	灌溉水源			
3.1	塘堰	m^3	300～350	主要包括水泥板、条石等护坡，混凝土溢洪道，土(石)坝。塘堰坝高不宜超过10 m。主要包括溢洪道、土(石)坝和泄水口等
3.2	蓄水池	m^3	250～450	分为砖、砌石、钢筋混凝土等不同标准。主要包括蓄水池、沉沙池、进出水口和围栏等
3.3	小型蓄水窖(池)	m^3	200～250	采用砖、砌石、钢筋混凝土形式。主要内容包括旱窖、集水场、沉沙池、引水沟、拦污栅与进水管等附属设施。水窖底部要有消力水泥板或石板
3.4	机井	眼	30 000～100 000	主要包括机井、水泵、配电设施和机井房等
4	灌溉渠道			
4.1	灌溉渠系	m	60～250	防渗渠或U形槽输水渠等。主要包括土方、渠道(砌体或浇筑)等
4.2	管道灌溉	hm^2	9 000～12 000	包括首部、管道、控制阀门和出水口
5	排水沟			
5.1	防洪沟	m	180～300	包括截流沟和防洪沟。主要包括土方、条石或块石等
5.2	田间排水沟	m	100～250	防渗沟渠或U形槽等排水沟。主要内容包括土方和排水沟砌筑(或浇筑)等
5.3	暗管排水	m	200～350	包括土方、管道及安装等
6	田间灌溉技术			
6.1	喷灌	hm^2	22 500～33 000	包括首部、管道、末端。采用UPVC主管道(地下)和PE管(地面)
6.2	微灌(滴灌和微喷)	hm^2	30 000～45 000	包括首部、管道、末端。采用UPVC主管道(地下)和PE管(地面)
7	泵站	kW	15 000～20 000	主要包括泵房、进、出水建筑物、水泵和变配电设备等
8	农用输配电			

表 4（续）

序号	工程名称	计量单位	估算指标 元	主要内容及标准
8.1	高压线	m	150～250	架空电力线路中导线可采用钢芯铝绞线或铝绞线，地线可采用镀锌铜绞线。间距宜采用 50 m～100 m。10 kV 线路架空敷设。包括电杆和供电线路敷设等全部工程内容
8.2	低压线	m	70～120	380 V 线路架空敷设。包括电杆和供电线路敷设等全部工程内容
8.3	变配电设施	座（台）	20 000～60 000	主要包括变配电设备费、安装费及相关配套设施的费用
9	道路			
9.1	砂石路	m^2	30～50	砂石路面和路基一般按汽-10、垦区按汽-20 设计。包括土方挖填、垫层、结构层、面层和砌块砌筑等工作内容
9.2	混凝土（沥青混凝土）道路	m^2	100～200	混凝土路面厚和路基一般按汽-10、垦区按汽-20 设计。包括土方挖填、垫层、结构层、面层等工作内容
9.3	泥结石路	m^2	80～120	泥结石路面和路基一般按汽-10 设计。包括土方挖填、垫层、结构层、面层和砌块砌筑等工作内容
10	防护林网			
10.1	防护林	株	4～6	主要包括乔木和灌木，树龄不超过 3 年

9.2 田间定位监测点主要内容及估算

根据高标准农田科技应用指标，按照监测技术规范要求，可在高标准农田中配套建设若干土壤肥力、墒情和虫情监测点，以提高现代农业科技应用和自动化水平。监测点配套设施和设备建设投资主要内容及估算指标见表 5。

表 5　田间定位监测点建设投资主要内容及指标

序号	设施名称	计量单位	数量	估算指标 元	主要内容及标准
1	土壤肥力监测点				
1.1	监测小区隔离	个	1	8 000	监测小区核心面积不小于 667 m^2，用水泥板隔离，划分为不少于 8 个的无肥区、缺素区、保护区等，隔板（深）高度 0.8 m～1.2 m，厚度不小于 5 cm
1.2	小区设置和农田整治	个	1	4 000	监测小区与对照区规模为 1 300 m^2～2 000 m^2，主要进行土地平整和沟渠配套建设
1.3	标志牌	个	1	3 000	规格不小于 120 cm×60 cm，长期使用
2	墒情监测点				
2.1	全自动土壤水分速测仪	套	1	20 000	便携式监测设备，包括 5 cm、10 cm 和 20 cm 三种规格的探头
2.2	土壤水分、温度定点监测及远程传输系统	套	1	60 000	田间定点监测设备，包括 5 个水分探头、5 个地温探头、数据采集器、无线数据发射器和太阳能板
2.3	简易田间小气候气象站	套	1	45 000	田间定点监测设备，包括测空气温度、降水量、风速、风向相关部件、数据采集器、无线数据发射器和太阳能板
2.4	数据接收服务器及配套设备	套	1	10 000	包括数据接受服务器、台式计算机和打印机等

表5（续）

序号	设施名称	计量单位	数量	估算指标 元	主要内容及标准
2.5	标志牌	个	1	1 000	规格为 80 cm×60 cm,可长期使用
2.6	防护栏	个	1	6 000～10 000	用于定点监测设备的防护,围栏内面积不小于9 m^2
3	虫情监测点可选设备				
3.1	自动虫情测报灯	台	1	30 000	成型设备,具有自动诱杀、分离、烘干、贮存扑灯昆虫功能,接虫器自动转换将虫体按天存放。可连续 7 d 不间断诱虫、储虫
3.2	自动杀虫灯(太阳能)	台	1	5 000	成型设备,利用太阳能板提供电源,全天候对扑灯昆虫进行自动诱杀
3.3	自动杀虫灯(农电)	台	1	500	成型设备,接入农电,晚上自动开灯,白天自动关灯,自动诱杀扑灯昆虫

9.3 工程建设其他费用和预备费

9.3.1 工程建设其他费用

主要包括建设单位管理费、前期工作咨询费、勘察设计费、工程监理费、招标代理费和招标管理费等。

9.3.2 预备费

预备费包括基本预备费和涨价预备费。具体估算方法见 NY/T 1716。

附　录　A
（规范性附录）
全国高标准农田建设区域划分

区域	类型区	包含省（自治区、直辖市）及部分地区
东北区	平原低地类型区	黑龙江、吉林、辽宁和内蒙古东部地区
	漫岗台地类型区	
	风蚀沙化类型区	
华北区	平原灌溉类型区	北京、天津、河北、山西、河南、山东、江苏和安徽北部、内蒙古中部地区
	山地丘陵类型区	
	低洼盐碱类型区	
西北区	黄土高原类型区	陕西、甘肃、宁夏、青海、新疆、内蒙古西部和山西西部地区
	内陆灌溉类型区	
	风蚀沙化类型区	
西南区	平原河谷类型区	云南、贵州、四川、重庆、西藏、湖南和湖北西部地区
	山地丘陵类型区	
	高山高原类型区	
东南区	平原河湖类型区	上海、浙江、江西、福建、广东、广西、海南，安徽、江苏、湖南和湖北部分地区
	丘岗冲垄类型区	
	山坡旱地类型区	

附　录　B
（规范性附录）
高标准农田综合生产能力

单位为千克每亩

区域	类型区	评价参数	代表作物	产量标准
东北区	平原低地类型区	熟制		一年一熟
		产出水平	水稻	＞550
			玉米	＞600
	漫岗台地类型区	熟制		一年一熟
		产出水平	玉米	＞600
	风蚀沙化类型区	熟制		一年一熟
		产出水平	玉米	＞500
华北区	平原灌溉类型区	熟制		一年两熟
		产出水平	小麦	＞450
			玉米	＞500
	山地丘陵类型区	熟制		一年一熟或一年两熟
		产出水平	玉米	＞500
	低洼盐碱类型区	熟制		一年两熟
		产出水平	小麦	＞400
			玉米	＞450
西北区	黄土高原类型区	熟制		一年一熟
		产出水平	玉米	＞450
	内陆灌溉类型区	熟制		一年一熟或一年两熟
		产出水平	小麦	＞400
			玉米	＞500
	风蚀沙化类型区	熟制		一年一熟
		产出水平	玉米	＞350
西南区	平原河谷类型区	熟制		一年两熟
		产出水平	小麦	＞350
			水稻	＞450
	山地丘陵类型区	熟制		一年两熟
		产出水平	水稻	＞800
	高山高原类型区	熟制		一年两熟或一年一熟
		产出水平	小麦	＞250
			玉米	＞400
东南区	平原河湖类型区	熟制		一年两熟或一年三熟
		产出水平	水稻	＞900
	丘岗冲垄类型区	熟制		一年两熟或一年三熟
		产出水平	水稻	＞800
	山坡旱地类型区	熟制		一年两熟
		产出水平	小麦	＞250
			玉米	＞400

附 录 C
（规范性附录）
高标准农田农业机械作业水平

单位为百分率

区域	类型区	作物	机耕率	机(栽植)播率	机收率	综合
东北区	平原低地类型	水稻	>99	>90	>92	>94
		玉米	>99	>98	>45	>80
	漫岗台地类型区	玉米	>98	>98	>30	>77
	风蚀沙化类型区	玉米	>98	>98	>70	>88
华北区	平原灌溉类型区	小麦	>99	>98	>98	>98
		玉米	>99	>98	>60	>86
	山地丘陵类型区	玉米	>90	>85	>45	>73
	低洼盐碱类型区	棉花	>98	>98	>15	>70
		小麦	>98	>98	>95	>97
西北区	黄土高原类型区	玉米	>90	>80	>15	>61
	内陆灌溉类型区	小麦	>98	>90	>90	>93
		玉米	>98	>98	>35	>79
	风蚀沙化类型区	小麦	>98	>98	>98	>98
		玉米	>98	>98	>70	>88
西南区	平原河谷类型区	水稻	>85	>60	>80	>75
	山地丘陵类型区	水稻	>80	>30	>40	>50
		小麦	>80	>50	>35	>55
		玉米	>80	>35	>15	>43
	高山高原类型区	青稞	>80	>75	>65	>73
		小麦	>80	>80	>65	>75
		豌豆	>80	>15	>15	>36
东南区	平原河湖类型区	水稻	>95	>55	>95	>82
	丘岗冲垄类型区	水稻	>80	>40	>90	>70
		小麦	>80	>75	>80	>78
		小麦	>80	>55	>15	>53
	山坡旱地类型区	小麦	>95	>90	>95	>93
		玉米	>80	>55	>25	>53

附　录　D
（规范性附录）
高标准农田田块和连片规模

单位为亩

区域	类型区	连片面积	田块面积
东北区	平原低地类型区	≥5 000	旱作 300～750
			稻作 75～150
	漫岗台地类型区	≥5 000	旱作≥500
	风蚀沙化类型区	≥5 000	旱作 150～450
			稻作 75～150
华北区	平原灌溉类型区	≥5 000	≥150
	山地丘陵类型区	≥300	≥45
	低洼盐碱类型区	≥5 000	≥120
西北区	黄土高原类型区	≥1 500	≥150
	内陆灌溉类型区	≥5 000	≥300
	风蚀沙化类型区	≥3 000	≥300
西南区	平原河谷类型区	≥300	≥75
	山地丘陵类型区	≥50	≥10
	高山高原类型区	≥25	≥5
东南区	平原河湖类型区	≥5 000	≥90
	丘岗冲垄类型区	≥300	≥5
	山坡旱地类型区	≥300	≥10

附　录　E
（规范性附录）
高标准农田田面平整度

耕地类型	项　　目	指　　标
稻作淹灌农田	地表平整度（100 m×100 m）	≤2.5 cm
	横向坡降（500 m）	<1/2 000
	纵向坡降（500 m）	<1/1 500
旱作地面和自流灌农田	地表平整度（100 m×100 m）	≤10 cm
	横向坡降（500 m）	1/800～1/500
	纵向坡降（500 m）	1/800～1/500
喷滴灌农田	地表平整度（100 m×100 m）	≤10 cm
	坡降（500 m）	≤1/30

附　录　F
（规范性附录）
高标准农田土体和耕作层厚度

区　域	类型区	指　　标
东北区	平原低地类型区	土体深厚，黑土层大于 15 cm，潜育层 30 cm 以下，耕作层大于 25 cm
	漫岗台地类型区	土体深厚，黑土层 40 cm～60 cm，无障碍层次，耕作层 20 cm
	风蚀沙化类型区	土体深厚，耕作层厚度 18 cm～20 cm
华北区	平原灌溉类型区	土体深厚，通体均质壤土或蒙金型(50 cm 以内较上层稍黏)，耕作层 20 cm 以上
	山地丘陵类型区	土体 100 cm 以上均质，无障碍层次，耕作层大于 20 cm
	低洼盐碱类型区	土体深厚，耕作层 20 cm～30 cm
西北区	黄土高原类型区	土体深厚，耕作层大于 18 cm。熟化层厚度大于 30 cm
	内陆灌溉类型区	土体深厚，耕作层大于 25 cm
	风蚀沙化类型区	土体深厚，耕作层 20 cm～25 cm
西南区	平原河谷类型区	土体深厚，耕作层 18 cm～20 cm
	山地丘陵类型区	土体深厚，耕作层 14 cm～16 cm
	高山高原类型区	土体厚度大于 50 cm，耕作层 15 cm～20 cm
东南区	平原河湖类型区	土体深厚，耕作层 16 cm～20 cm，100 cm 土体内无沙漏或黏盘
	丘岗冲垄类型区	土体厚度大于 50 cm，耕作层 14 cm～16 cm
	山坡旱地类型区	土体厚度大于 50 cm，耕作层 15 cm～20 cm

附 录 G
（规范性附录）
高标准农田耕作层土壤有机质和酸碱度

区 域	类型区	指 标
东北区	漫岗台地类型区	有机质 22 g/kg～35 g/kg;pH:6.5～7.5
	平原低地类型区	有机质 25 g/kg～40 g/kg;pH:6.5～7.5
	风蚀沙化类型区	有机质 10 g/kg～20 g/kg;pH:7～8
华北区	平原灌溉类型区	有机质 15 g/kg～18 g/kg;pH:7～7.5
	山地丘陵类型区	有机质 12 g/kg～15 g/kg;pH:7～7.5
	低洼盐碱类型区	有机质 10 g/kg～20 g/kg;pH:7.5～8.5,100 cm 土体内盐分含量,硫酸盐为主 3 g/kg～6 g/kg,氯化物为主 2 g/kg～4 g/kg
西北区	黄土高原类型区	有机质 12 g/kg～15 g/kg;pH:7～7.5
	内陆灌溉类型区	有机质 15 g/kg～20 g/kg;pH:7～7.5,100 cm 土体内盐分含量,硫酸盐为主 3 g/kg～6 g/kg,氯化物为主 2 g/kg～4 g/kg
	风蚀沙化类型区	有机质 6 g/kg～15 g/kg;pH:7.5～8.5
西南区	平原河谷类型区	有机质 25 g/kg～40 g/kg;pH:5.5～5.0
	高山高原类型区	有机质 10 g/kg～35 g/kg;pH:5.5～7.0
	山地丘陵类型区	有机质 15 g/kg～35 g/kg;pH: 5.5～7.5
东南区	平原河湖类型区	有机质 30 g/kg～40 g/kg;pH:5.5～7.0
	丘岗冲垄类型区	有机质 15 g/kg～35 g/kg;pH:5.5～7.0
	山坡旱地类型区	有机质 15 g/kg～30 g/kg;pH: 5.5～7.0

附 录 H
（规范性附录）
高标准农田灌溉工程

区 域	类型区	指 标
东北区	平原低地类型区	灌溉保证率：水田区 80%，水浇地 75%；喷灌、微灌灌溉保证率不低于 90%；田间渠系及建筑物配套完好率大于 95%
	漫岗台地类型区	灌溉保证率 75%；喷灌、微灌灌溉保证率 90%；田间渠系及建筑物配套完好率大于 95%
	风蚀沙化类型区	灌溉保证率 75%；喷灌、微灌灌溉保证率 90%；田间渠系及建筑物配套完好率大于 95%
华北区	平原灌溉类型区	灌溉保证率 80%；喷灌、微灌灌溉保证率 90%；田间渠系及建筑物配套完好率大于 95%
	山地丘陵类型区	灌溉保证率 80%；喷灌、微灌灌溉保证率 90%；雨水集蓄灌溉工程的集流面积的供水保证率 75%。田间渠系及建筑物配套完好率大于 95%
	低洼盐碱类型区	灌溉保证率 80%；喷灌、微灌灌溉保证率 90%；田间渠系及建筑物配套完好率大于 95%
西北区	黄土高原类型区	灌溉保证率 75%；喷灌、微灌灌溉保证率 90%；雨水集蓄灌溉工程的集流面积的供水保证率 75%。田间渠系及建筑物配套完好率大于 90%
	内陆灌溉类型区	灌溉保证率：水田区 80%，水浇地 75%；喷灌、微灌灌溉保证率 90%；田间渠系及建筑物配套完好率大于 95%
	风蚀沙化类型区	灌溉保证率 75%；喷灌、微灌灌溉保证率 90%；田间渠系及建筑物配套完好率大于 90%
西南区	平原河谷类型区	灌溉保证率：水田区 95%，水浇地 85%；喷灌、微灌灌溉保证率 90%；田间渠系及建筑物配套完好率大于 95%
	高原山地类型区	灌溉保证率：水田区 95%，水浇地 85%；喷灌、微灌灌溉保证率 90%；雨水集蓄灌溉工程的集流面积的供水保证率 75%；田间渠系及建筑物配套完好率大于 95%
	山地丘陵类型区	灌溉保证率：水田区 95%，水浇地 85%；喷灌、微灌灌溉保证率 90%；雨水集蓄灌溉工程的集流面积的供水保证率应为 75%；田间渠系及建筑物配套完好率大于 95%
东南区	平原河湖类型区	灌溉保证率：水田区 95%，水浇地 85%；喷灌、微灌灌溉保证率 90%；田间渠系及建筑物配套完好率大于 95%
	丘岗冲垄类型区	灌溉保证率：水田区 95%，水浇地 85%；喷灌、微灌灌溉保证率 90%；雨水集蓄灌溉工程的集流面积的供水保证率 75%；田间渠系及建筑物配套完好率大于 95%
	山坡旱地类型区	灌溉保证率：水田区 95%，水浇地 85%；喷灌、微灌灌溉保证率 90%；雨水集蓄灌溉工程的集流面积的供水保证率 75%；田间渠系及建筑物配套完好率大于 95%

附 录 I
（规范性附录）
高标准农田排水工程

区 域	类型区	指 标
东北区	平原低地类型区	排水标准5年一遇；旱田区1 d～3 d暴雨，1 d～3 d排除；水田区1 d～3 d暴雨，3 d～5 d排除；堤防防洪标准达到10年一遇；田间排水沟系及建筑物配套完好率大于95%
	漫岗台地类型区	排水标准5年一遇；旱田区1 d～3 d暴雨，1 d～3 d排除；水田区1 d～3 d暴雨，3 d～5 d排除；田间排水沟系及建筑物配套完好率大于90%
	风蚀沙化类型区	排水标准5年一遇；旱田区1 d～3 d暴雨，1 d～3 d排除；田间排水沟系及建筑物配套完好率大于90%
华北区	平原灌溉类型区	旱田区，排水标准5年一遇；1 d暴雨，2 d排除；水浇地、水田区、排涝治碱区：排水标准10年一遇；3 d暴雨，5 d排除；田间排水沟系及建筑物配套完好率大于95%
	山地丘陵类型区	旱田区，排水标准5年一遇；1 d暴雨，2 d排除；水浇地：排水标准10年一遇；3 d暴雨，5 d排除；田间排水沟系及建筑物配套完好率大于90%
	低洼盐碱类型区	旱田区，排水标准5年一遇；1 d暴雨，2 d排除；水浇地：排水标准10年一遇；3 d暴雨，5 d排除；田间排水沟系及建筑物配套完好率大于90%
西北区	黄土高原类型区	旱塬区，排水标准10年一遇；其他区5年一遇；1 d～3 d暴雨，1 d～3 d排除。田间泄洪沟系及建筑物配套完好率大于90%
	内陆灌溉类型区	排水标准10年一遇；水浇地1 d～3 d暴雨，1 d～3 d排除。水田区1 d～3 d暴雨，3 d～5 d排除；田间排水沟系及建筑物配套完好率大于90%
	风蚀沙化类型区	排水标准5年一遇；田间排水沟系及建筑物配套完好率大于90%
西南区	平原河谷类型区	排水标准10年一遇；水田1 d暴雨，3 d排除。田间排水沟系及建筑物配套完好率大于95%
	高原山地类型区	排水标准10年一遇；旱田1 d暴雨，2 d排除；田间排水沟系及建筑物配套完好率大于90%
	山地丘陵类型区	排水标准10年一遇；旱田1 d暴雨，2 d排除；水田1 d暴雨，3 d排除。田间排水沟系及建筑物配套完好率大于90%
东南区	平原河湖类型区	排水标准20年一遇；1 d暴雨，1 d～2 d排除；田间排水沟系及建筑物配套完好率大于95%
	丘岗冲垄类型区	排水标准10年一遇；1 d暴雨，1 d～2 d排除；田间排水沟系及建筑物配套完好率大于90%
	山坡旱地类型区	排水标准10年一遇；旱田1 d暴雨，2 d排除；田间排水沟系及建筑物配套完好率大于90%

附　录　J
（规范性附录）
高标准农田排水沟深度和间距

单位为米

排水沟深度	排水沟间距		
	黏土、重壤土	中壤土	轻壤土、沙壤土
0.8～1.3	15～30	30～50	50～70
1.3～1.5	30～50	50～70	70～100
1.5～1.8	50～70	70～100	100～150
1.8～2.3	70～100	100～150	—

附　录　K
（规范性附录）
高标准农田防护林网

单位为百分率

区　　域	类型区	占耕地率
东北区	平原低地类型区	3～6
	漫岗台地类型区	4～5
	风蚀沙化类型区	6～8
华北区	平原灌溉类型区	1～4
	山地丘陵类型区	7～8
	低洼盐碱类型区	6～8
西北区	黄土高原类型区	4～6
	内陆灌溉类型区	6～8
	风蚀沙化类型区	6～8
西南区	平原河谷类型区	1～3
	山地丘陵类型区	2～3
	高山高原类型区	4～6
东南区	平原河湖类型区	1～3
	丘岗冲垄类型区	2～3
	山坡旱地类型区	4～6

附 录 L
(规范性附录)
高标准农田主要农机具配置

L.1 东北区、华北区、西北区主要农机具配置见表 L.1。

表 L.1 东北区、华北区、西北区主要农机具配置

序号	主要农机具	计量单位	作业指标
1	100 HP 以上轮式拖拉机	台	发动机功率 73.5 kW 以上,最大提升力≥24 kN,最大牵引力≥36 kN。为动力机械,配套激光平地机、深松机等机具
2	50 HP～70 HP 轮式拖拉机	台	发动机功率 46 kW,牵引力 12.5 kN。为动力机械,配套播种机、秸秆粉碎还田机、植保机械、节水灌溉机具等
3	履带式推土机	台	发动机功率 73.5 kW,主要用于土地平整
4	激光平地机	台	挂接机具。作业幅宽 2.5 m,需 66.2 kW～73.5 kW 动力机械,用于土地平整
5	大型深耕深松犁	台	大型挂接机具。工作幅宽 2.5 m,深松深度≥25 cm,需≥89 kW 动力机械(柴油机)
6	育秧播种机组	套	挂接机具。生产效率≥350 盘/h,需 0.18 kW 动力机械
7	大型免耕施肥精量播种机	台	挂接机具。工作幅宽 3.2 m,施肥播种一体化,需 44.1 kW～58.8 kW 动力机械
8	乘坐式高速插秧机	台	发动机功率 14.7 kW,8 行,作业效率 0.8 hm^2/h
9	收获机械	台	小麦、水稻收获机,发动机功率 66 kW,工作幅宽 2.9 m
			玉米收获机械,需 61 kW 动力机械;3 行(割道);生产率≥0.33 hm^2/h
10	喷灌机	台	圆形结构,跨距长度:50 m～500 m,控制面积 0.8 hm^2～78.0 hm^2,电动机减速器功率 0.75 kW
11	秸秆粉碎还田机	台	挂接机具。工作幅宽 1.8 m;需配套 58.9 kW～73.5 kW 动力机械
12	中型免耕播种机	台	挂接机具。需 44.1 kW～51.5 kW 动力机械,用于小麦、玉米、大豆免耕播种,作业效率 0.27 hm^2/h～1 hm^2/h
13	施肥机械	套	挂接机具。工作幅宽 12 m～28 m,需 48 kW 动力机械
14	悬挂式植保机械	台	挂接机具。工作幅宽 18 m,需 50 kW 以上动力机械

L.2 西南区、东南区主要农机具配置见表L.2。

表L.2 西南区、东南区主要农机具配置

序号	主要农机具	计量单位	作业指标
1	70 HP以上轮式拖拉机	台	发动机功率51.5 kW以上，旱田犁耕牵引力≥21 kN。为动力机械，配套激光平地机、深松机、秸秆旋埋机等机具
2	中马力四轮驱动拖拉机	台	发动机功率25.4 kW，旱田犁耕牵引力≥10.3 kN，为动力机械，配套植保机具等
3	30 HP～40 HP轮式拖拉机	台	发动机功率25.4 kW，旱田犁耕牵引力≥10.3 kN。为动力机械，配套播种机、秸秆粉碎还田机、植保机械、节水灌溉机具等
4	履带式推土机	台	发动机功率51.5 kW，悬挂轴最大提升力14 kN，推土铲入土深度≥29 cm。主要用于土地平整
5	激光平地机	台	旱田激光平地挂接机具。工作幅宽2.6 m，作业半径≤400 m，需58.8 kW～66.2 kW动力机械，用于土地平整
			水田激光平地机。13.4 kW动力机械，作业半径180 m，最小转弯半径2.6 m，用于土地平整
6	中型深耕深松犁	台	挂接机具。深松深度35 cm～40 cm，工作幅宽2 m，需51.5 kW以上动力机械
7	大型免耕施肥精量播种机	台	挂接机具。工作幅宽2.2 m，需51 kW～66 kW动力机械
8	收获机械	台	全喂入式水稻/小麦收获机械，收割行数4行，收割宽度1.45 m，需42.7 kW动力机械，作业效率0.27 hm^2/h～0.47 hm^2/h
			半喂入式水稻收获机械，发动机功率48 kW，作业效率0.2 hm^2/h～0.4 hm^2/h
9	乘坐式高速插秧机	台	平原区乘坐式高速插秧机，发动机功率7.7 kW，工作幅宽6行，作业效率0.27 hm^2/h～0.6 hm^2/h
			丘陵山区乘坐式高速插秧机，发动机功率3.4 kW，工作幅宽2行，作业效率0.13 hm^2/h～0.27 hm^2/h
10	手扶式插秧机	台	发动机功率2.6 kW，作业效率0.09 hm^2/h～0.21 hm^2/h
11	喷灌机	台	悬臂系统长度26 m，调整范围0 m/h～113 m/h
12	悬挂式植保机械	台	挂接机具。工作幅宽18 m，需≥47.8 kW动力机械
13	秸秆粉碎还田机	台	挂接机具。工作幅宽1.8 m；需58.9 kW～73.5 kW动力机械，作业效率0.53 hm^2/h～0.6 hm^2/h
14	秸秆旋埋机	台	挂接机具。工作幅宽90 cm；切碎机构总安装刀数6把；作业效率0.13 hm^2/h～0.33 hm^2/h，需11 kW～14.7 kW动力机械
15	中型免耕播种机	台	挂接机具。需20.6 kW～25.7 kW动力机械，作业效率0.23 hm^2/h以上
16	育秧播种机组	套	总功率0.18 kW，作业效率≥350盘/h

ICS 65.020
B 15

中华人民共和国农业行业标准

NY/T 2164—2012

马铃薯脱毒种薯繁育基地建设标准

Construction standard for virus-free seed potatoes propagating farms

2012-06-06 发布　　2012-09-01 实施

中华人民共和国农业部　发布

前　言

本标准按照 GB/T 1.1—2009 给出的规则起草。

本标准由中华人民共和国农业部发展计划司提出。

本标准由全国蔬菜标准化技术委员会(SAC/TC 467)归口。

本标准起草单位:云南省农业科学院质量标准与检测技术研究所。

本标准主要起草人:杨万林、黎其万、隋启君、梁国惠、李彦刚、杨芳、丁燕、李山云、张建华。

马铃薯脱毒种薯繁育基地建设标准

1 范围

本标准规定了马铃薯脱毒种薯繁育基地的基地规模与项目构成、选址与建设条件、生产工艺与配套设施、功能分区与规划布局、资质与管理和主要技术指标。

本标准适用于新建、改建及扩建的马铃薯脱毒种薯繁育基地。

2 规范性引用文件

下列文件对于本文件的应用是必不可少的。凡是注日期的引用文件，仅注日期的版本适用于本文件。凡是不注日期的引用文件，其最新版本(包括所有的修改单)适用于本文件。

GB 5084 农田灌溉水质标准

GB 7331 马铃薯种薯产地检疫规程

GB 15618 土壤环境质量标准

GB 18133 马铃薯脱毒种薯

JGJ 91—93 科学实验室设计规范

NY/T 1212 马铃薯脱毒种薯繁育技术规程

NY/T 1606 马铃薯种薯生产技术操作规程

SL 371—2006 农田水利示范园区建设标准

3 术语和定义

下列术语和定义适用于本文件。

3.1

脱毒种薯 virus-free seed potatoes

应用茎尖组织培养技术获得、经检测确认不带马铃薯X病毒(PVX)、马铃薯Y病毒(PVY)、马铃薯A病毒(PVA)、马铃薯卷叶病毒(PLRV)、马铃薯M病毒(PVM)、马铃薯S病毒(PVS)等病毒和马铃薯纺锤块茎类病毒(PSTVd)的再生组培苗，经脱毒种薯生产体系逐代扩繁生产的各级种薯。

3.2

繁育基地 propagating farms

具备完善的马铃薯脱毒种薯标准化生产体系和质量监控体系，生产合格的马铃薯脱毒组培苗和各级脱毒种薯的基地。

3.3

组培苗基地 virus-free in-vito plantlets propagating farms

具备严格的无菌操作室内培养条件和设施设备，用不带病毒和类病毒的再生试管苗专门大量扩繁组培苗或诱导试管薯的生产基地。

3.4

原原种基地 pre-elite propagating farms

具备网室、温室等隔离防病虫的环境条件，用组培苗或试管薯专门生产符合质量要求原原种的生产基地。

3.5

原种基地　elite propagating farms

具备良好隔离防病虫环境条件，用原原种作种薯专门生产符合质量要求原种的生产基地。

3.6

大田用种基地　certified seed

具备一定的隔离防病虫环境条件，用原种作种薯繁殖一至两代，专门生产符合大田用种质量要求种薯的生产基地。

4　基地规模与项目构成

4.1　建设原则

基地类型和建设规模应按照“规范生产、引导市场”的原则，并根据区域规划、当地及周边区域市场对种薯需求量、生态和生物环境条件、社会经济发展状况，以及技术与经济合理性和管理水平等因素综合确定。

4.2　基地类别

分为组培苗基地、原原种基地、原种基地和大田用种基地。各类基地对环境条件的要求不同，生产方式有差异，可根据需要和环境条件选择独立建设或集中建设。

4.3　建设规模

4.3.1　基地的建设规模分别以组培苗生产株数、原原种生产粒数、原种生产面积和生产用种生产面积表示。各类别基地的建设规模应参考表1的规定。

表1　各类马铃薯脱毒种薯繁育基地建设规模

组培苗基地，万株	100	200	400	1 000
原原种基地，万粒	500	1 000	2 000	5 000
原种基地，亩	500	1 000	2 000	5 000
大田用种基地，亩	2 000	5 000	10 000	20 000

4.3.2　组培苗基地、原原种基地的生产能力为年最低生产能力；原种基地和大田用种基地面积为每年用于生产种薯的面积，实际建设面积应根据当地轮作周期进行调整。计算方法为：实际建设面积 ＝年马铃薯繁育面积×轮作周期。

4.3.3　两类以上基地集中建设时，上一级种薯（苗）的最低生产能力应满足下一级种薯基地的用种需求。可按每株组培苗生产2粒原原种、每亩需种薯5 000粒原原种、原种1∶10的繁殖系数，或技术水平所能达到的实际生产能力来计算确定各类基地需配套建设的最低规模。

4.4　项目构成

各类基地建设的项目构成参照表2。

表2　各类基地建设项目构成

基地类别	组培苗基地	原原种基地	原种基地	大田用种基地
建设内容	接种室、培养室、清洗室、培养基配置及灭菌室、检测及称量室、设施设备配套、办公用房	温（网）室、病害检测室及配套、原原种贮藏库及配套、办公及生活用房	种薯贮藏库（窖）、晾晒棚（场）、田间道路、水利设施、防疫设施、农机设备、办公及生活用房	种薯贮藏库（窖）、晾晒棚（场）、田间道路、水利设施、防疫设施、农机设备、办公及生活用房

5　选址与建设条件

5.1　符合国家农业行政主管部门制订的良种繁育体系规划和《全国马铃薯优势区域布局规划》的内容。

5.2 符合当地土地利用发展规划和村镇建设发展规划的要求。

5.3 基地水源充足(干旱地区的水源要好于周边区域),水质符合 GB 5084 的规定;原种基地和大田用种基地的土壤质量应符合 GB 15618 要求,土质疏松、排水性好、偏酸性(pH 在 5.0~6.0 之间最佳)。

5.4 组培苗基地、原原种基地建设应选择在具备较好的生产设施、生产技术和管理水平的最佳区域,原种基地和大田用种基地建设应选择在马铃薯主要产区县域、种薯生产水平高、或种薯产业较发达的地区。

5.5 根据组培苗和各级种薯生产特点和对环境的要求,各类基地建设的选址应符合表 3 的要求。

表 3 各类基地选址的基本要求

基地类别	选 址 要 求
组培苗基地	安静、洁净、无污染源、水源和电源充足、交通便利的地方
原原种基地	四周无高大建筑物,水源、电源充足、通风透光、交通便利;100m 内无可能成为马铃薯病虫害侵染源和蚜虫寄主的植物
原种基地	选择在无检疫性有害生物发生的地区,并且:具备良好的隔离条件,800 m 内无其他茄科、十字花科植物、桃树和商品薯生产;或具备防虫网棚等隔离条件;最佳生产期的气温在 8℃~29℃之间
大田用种基地	选择在无检疫性有害生物发生的地区,并且:具备一定的隔离条件,500 m 内无其他茄科、十字花科植物、桃树和商品薯生产;最佳生产期的气温在 8℃~29℃之间

5.6 原种基地和大田用种基地的建设区域应地势平缓、土地集中连片(部分山区相对集中连片,至少应达到百亩连片)、水资源条件较好,远离洪涝、滑坡等自然灾害威胁,避开盐碱土地;东北、华北区域耕地坡度不超过 10°,西北、西南及其他区域山区耕地坡度不超过 15°;基地位置应靠近交通主干道,便于运输。

6 生产工艺与配套设施

6.1 种薯生产的工艺流程

组培苗扩繁→原原种生产→原种生产→大田用种生产。

6.2 组培苗基地配套设施设备要求

6.2.1 组培苗基地建筑应满足 JGJ 91—93 中 4.3.3 生物培养室的设计建设要求。

6.2.2 接种室

接种室是组培生产的最核心和关键部分,是进行无菌操作的场所。配备能满足基地生产能力的超净工作台(表 4)和相关用具。同时,要有缓冲间,以便进入无菌室前在此洗手、换衣、换鞋、预处理材料等;地板和四周墙壁要光洁,不易积染灰尘,易于采取各种清洁和消毒措施;室内要吊装紫外灭菌灯,用于经常照射灭菌;要安装空调机,保持室温在 23℃~25℃;门窗闭合性好,保持与外界相对隔绝。接种室的环境要求较高,设计上坚持宜小不宜大的原则。

表 4 组培苗基地主要设备配置要求

项目名称	基地规模,万株			
	100	200	400	1 000
超净工作台,个	5	10	20	50
培养架,个	50	100	200	500
灭菌设备容量,L	300	600	1 200	3 000
组培瓶,个	25 000	50 000	100 000	250 000

6.2.3 培养室

培养室要求光亮、保温、隔热,室内温度保持在 22℃~26℃,光照时间和光照强度可调控。地面选用浅色建材,四壁和顶部选用浅色涂料进行防霉处理;室内各处都应增强反光,以提高室内的光亮度和易于清扫;在侧壁、顶部设计有通风排气窗,以利于定期或需要时加强通风散热。为了减少能源消耗,培养室应尽量利用自然光照,最大限度地增加采光面积。配备可自动控时控光的培养架(表4)和控制温度的空调机。

6.2.4 清洗室

配备洗瓶机器、洗涤刷等,并设计建设具有耐酸碱的水池和排水口。排水口设计上要便于清洗检查,并安装过滤网,防止植物材料碎片、琼脂等东西流入下水道,减少微生物滋生源和避免排水系统堵塞。

6.2.5 培养基配制及灭菌室

配备培养基配制和灭菌所需的相关设备、容器、药剂等,如灭菌锅、干燥箱、药品放置柜等。为提高生产效率,可根据生产规模配置不同规格的灭菌设备,灭菌容量需达到表4要求。

6.2.6 检测及称量室

配备光照培养箱、冰箱、电子天平、pH酸度计、电导率仪、解剖镜等仪器设备;年生产规模在400万株以上的基地还需配备用于真菌和细菌性病原菌、主要病毒检测的PCR仪、酶标仪等仪器。

6.3 原原种基地配套设施要求

6.3.1 应以镀锌钢管、铝合金或新型环保材料为支撑,设计并建设标准化的温室和网室用于原原种生产,隔离的网纱孔径要达到45目以上。每栋温、网室的出入口应设计有工作人员更衣、消毒的缓冲间。

6.3.2 根据基地气候条件,按照有利生产、经济合理的原则确定温室和网室的比例。

6.3.3 以珍珠岩、蛭石、消毒的细沙或土壤作为栽培基质,也可用两种或几种基质混合配制。

6.3.4 应配备喷灌、植保等生产设施设备,病害检测、原原种分级机械、种薯储藏和生理调控等的附属设施设备条件。

6.3.5 储藏库(窖)应具备较好的通风、避光的能力,并能满足种薯储藏期间控温(温度2℃~4℃)、控湿(相对湿度70%~90%)的要求。

6.4 原种基地和大田用种基地设施要求

6.4.1 农田排灌设施

基地配套水利设施可参照SL 371—2006的要求,因地制宜地采取工程、农艺、管理等节水和排涝措施,科学规划灌溉系统和防洪排涝系统,达到旱能灌、涝能排。灌溉条件较差的旱作农业区,应采取农艺、工程等节水措施提高天然降水的利用率,根据地势合理设计沟、涵、闸等建筑物配套,确保排水出路通畅,防止水土流失。

6.4.2 田间道路

田间道路建设要科学设计,突出节约土地,提高利用效率。基地内田间道路以沙石、水泥路面为主,便于农机进出田间作业和农产品运输。适宜机耕的基地田间道路建设要满足农机通行要求,并配套农机下田(地)设施;不适宜机耕的基地田间道路建设要满足畜力车通行要求。

6.4.3 农机设备

根据基地规模、地形、耕作条件等因素综合考虑选择配套使用不同形式、不同规格的耕作机械、农用车和其他农机设备。适宜机耕的基地根据生产需求配备一体化的耕作机械和配套设备;地形较差、不完全集中连片、达不到机械化生产条件的基地,应因地制宜的选择配备部分小型机械进行半机械化生产。

6.4.4 防疫设施

四周应有天然隔离带或人工的农田防护林网与周边农田隔离。基地内需配套建设主要病虫害检测室和药剂喷施设备,有蚜虫的区域需配套建设蚜虫迁移监测系统,东北、西南及其他晚疫病重发区需配套建设晚疫病预测预报系统,使基地环境达到GB 7331规定的产地检疫的要求。

6.4.5 种薯包装及储藏设施

应配备与基地生产规模相匹配的种薯分级和包装机械,并配套建设晾晒棚(场)用于收获、中转时的种薯晾晒，配套建设的种薯最低仓储能力不低于种薯总产量的1/4。储藏库(窖)应具备较好的通风、避光的能力，并达到种薯储藏期间控温(温度2℃～4℃)、控湿(相对湿度70%～90%)的要求。原种基地种薯储藏能力需达到表5的要求，大田用种基地种薯储藏能力需达到表6的要求。

表5 原种基地种薯储藏能力要求

项目名称	基地规模，亩			
	500	1 000	2 000	5 000
种薯储藏能力，t	250～1 000	500～2 000	1 000～4 000	2 500～10 000

表6 大田用种基地种薯储藏能力要求

项目名称	基地规模，亩			
	2 000	5 000	10 000	20 000
种薯储藏能力，t	1 000～4 000	2 500～10 000	5 000～20 000	10 000～40 000

7 功能分区与规划布局

7.1 组培苗基地应设具有管理、清洗、检测与称量、培养基配制、灭菌、无菌接种和组培(诱导)等功能分区，各功能区按6.2.1～6.2.5要求设置，布局上要相对集中和独立。组培生产各功能区应与管理区隔离，之间应设置用于洗手、消毒、更衣的缓冲间。

7.2 原原种基地设管理区、消毒隔离区、网室生产区、温室生产区、包装储存区、种薯(苗)病虫害检测室等，布局上相对集中，功能区之间有明显的界限或间隔，消毒隔离区应设置在管理区与其他各功能区之间。

7.3 原种基地和大田用种基地应设管理区、消毒隔离区、生产区、种薯周转区、包装储存区、种薯(苗)病虫害检测室。

7.3.1 管理区内包括工作人员的生活设施、基地办公设施、与外界接触密切的生产辅助设施(车库等)。

7.3.2 生产区根据种薯级别分别设置，包括相应的水利设施、田间道路等。

7.3.3 各功能区及建筑物之间应界限分明，协调合理，依地势和环境选择最佳布局，包装储藏区应建在地势较低、靠近道路的位置。

7.3.4 对于集中连片建设的基地，应在所有入口设立消毒区，对进入基地的人员、车辆、机械进行消毒。相对集中连片建设的基地，应在主要入口设立消毒区，对进入基地区域的人员、车辆、机械进行消毒。

7.4 各类基地集中建设的，应在组培苗快繁区、原原种生产区入口设隔离区，作为工作人员更换工作服、消毒的操作间。

8 资质与管理

基地应具备农业行政部门颁发的种薯(苗)生产许可证，并根据生产规模配备专门的生产技术人员，建立完善的标准化生产及质量控制体系，并达到表7规定的要求。

表7 基地的资质、技术和质量控制要求

项目名称	组培苗基地	原原种基地	原种基地	大田用种基地
生产资质	生产许可证	生产许可证	生产许可证	生产许可证
技术人员配备	1人/20万株	1人/100万粒	1人/500亩	1人/2 000亩
质量控制及服务	1. 质量管理制度；2. 质量管理手册；3. 规范的质量技术规程；4. 售后技术服务；5. 售后质量追溯机制			

9 主要技术经济指标

9.1 根据建设规模、生产方式，组培苗基地各类设施建设面积应达到表8的规定，其建设总投资和分项工程建设投资应符合表 9 的规定。

表 8　组培苗基地占地面积控制及建筑面积指标

项目名称	基地规模，万株			
	100	200	400	1 000
基地占地面积≤，m^2	600	1 020	1 560	3 900
总建筑面积，m^2	200	340	520	1 300
培养室建筑面积，m^2	60	110	200	500
接种等配套建筑面积，m^2	90	150	200	500
其他附属建筑面积，m^2	50	80	120	300

表 9　组培苗基地建设投资额度表

项目名称	基地规模，万株			
	100	200	400	1 000
总投资指标，万元	47	88.6	166.4	416
实验室建设及基础配套，万元	20	40	80	200
实验室仪器设备及配套，万元	27	48.6	86.4	216

9.2　根据基地的建设规模，原原种基地各类设施建设面积应达到表 10 的规定，其建设总投资和分项工程建设投资应符合表 11 的规定。

表 10　原原种基地占地面积及建筑面积指标

项目名称	基地规模，万粒			
	500	1 000	2 000	5 000
基地占地面积≤，m^2	31 800	63 600	126 900	316 500
总建筑面积，m^2	10 600	21 200	42 300	105 500
温(网)室建筑面积，m^2	10 000	20 000	40 000	100 000
病害检测室建筑面积，m^2	100	200	300	400
原原种储藏库建筑面积，m^2	250	500	1 000	2 500
附属设施建筑面积，m^2	250	500	1 000	2 500

表 11　原原种基地建设投资额度表

项目名称	基地规模，万粒			
	500	1 000	2 000	5 000
总投资指标，万元	150～1 290	300～2 580	585～5 145	1 425～12 825
温(网)室建设，万元	60～1 200	120～2 400	240～4 800	600～12 000
附属设施建设，万元	90	180	345	825

9.3　根据基地的建设规模，原种基地各类设施建设面积应达到表 12 的规定，其建设总投资和分项工程建设投资应符合表 13 的规定。

表 12　原种基地建筑占地面积及建筑面积指标

项目名称	基地规模，亩			
	500	1 000	2 000	5 000
建筑占地面积≤，m^2	12 500～16 250	25 000～32 500	50 000～65 000	125 000～162 500
总建筑面积，m^2	1 250～1 625	2 500～3 250	5 000～6 500	12 500～16 250
种薯储藏库(窖)建筑面积，m^2	125～500	250～1 000	500～2 000	1 250～5 000
晾晒棚建筑面积，m^2	1 000	2 000	4 000	10 000
附属设施建筑面积，m^2	125	250	500	1 250

表 13 原种基地建设投资额度表

项目名称	基地规模,亩			
	500	1 000	2 000	5 000
总投资指标,万元	76.25～113.75	152.5～227.5	305～455	762.5～1 137.5
储藏库(窖)建设,万元	12.5～50	25～100	50～200	125～500
晾晒棚建设,万元	15	30	60	150
耕地改造及设施配套建设,万元	15	30	60.0	150
生产设备购置,万元	15	30	60	150
附属设施建设,万元	18.75	37.5	75	187.5

9.4 根据基地的建设规模,大田用种基地各类设施建设面积应达到表 14 的规定,其建设总投资和分项工程建设投资应符合表 15 的规定。

表 14 大田用种基地建筑占地面积及建筑面积指标

项目名称	基地规模,亩			
	2 000	5 000	10 000	20 000
建筑占地面积≤,m^2	50 000～65 000	125 000～162 500	250 000～325 000	500 000～650 000
总建筑面积,m^2	5 000～6 500	12 500～16 250	25 000～32 500	50 000～65 000
种薯储藏库(窖)建筑面积,m^2	500～2 000	1 250～5 000	2 500～10 000	5 000～20 000
晾晒棚建筑面积,m^2	4 000	10 000	20 000	40 000
附属设施建筑面积,m^2	500	1 250	2 500	5 000

表 15 大田用种基地建设投资额度表

项目名称	基地规模,亩			
	2 000	5 000	10 000	20 000
总投资指标,万元	305～455	762.5～1 137.5	1 525～2 275	3 050～4 550
储藏库(窖)建设,万元	50～200	125～500	250～1 000	500～2 000
晾晒棚建设,万元	60	150	300	600
耕地改造及设施配套建设,万元	60	150	300	600
生产设备购置,万元	60	150	300	600
附属设施建设,万元	75	187.5	375	750

ICS 65.040.01
P 35

中华人民共和国农业行业标准

NY/T 2165—2012

鱼、虾遗传育种中心建设标准

Construction for fish and shrimp genetic breeding center

2012-06-06 发布　　　　2012-09-01 实施

中华人民共和国农业部　发布

目　次

前　言

本标准按照GB/T 1.1—2009给出的规则起草。

本标准由中华人民共和国农业部渔业局提出。

本标准由中华人民共和国农业部发展计划司归口。

本标准起草单位：全国水产技术推广总站。

本标准主要起草人：胡红浪、孔杰、王新鸣、李天、倪伟锋、鲍华伟、朱健祥。

鱼、虾遗传育种中心建设标准

1 范围

本标准规定了鱼、虾遗传育种中心建设项目的选址与建设条件、建设规模与项目构成、工艺与设备、建设用地与规划布局、建筑工程及配套设施、防疫防病、环境保护、人员要求和主要技术经济指标。

本标准适用于鱼、虾遗传育种中心建设项目建设的编制、评估和审批；也适用于审查工程项目初步设计和监督、检查项目建设过程。

2 规范性引用文件

下列文件对于本文件的应用是必不可少的。凡是注日期的引用文件，仅注日期的版本适用于本文件。凡是不注日期的引用文件，其最新版本(包括所有的修改单)适用于本文件。

GB 5749—85 生活饮用水标准
GB 11607 渔业水质标准
GB 50011 建筑抗震设计规范
GB 50052—2009 供配电系统设计规范
GB 50352—2005 民用建筑设计通则
SC/T 9101 淡水池塘养殖水排放要求
SC/T 9103 海水养殖水排放要求

3 术语和定义

下列术语和定义适用于本文件。

3.1

鱼、虾遗传育种中心 fish and shrimp genetic breeding center

收集、整理、保存目标物种种质资源，研究、开发和应用遗传育种技术，培育水产新品种的场所。

3.2

孵化车间 incubation facility

从受精卵到孵化出鱼苗或幼体的场所。

3.3

育苗车间 hatchery facility

从受精卵培育到苗种的场所。

3.4

中间培育池 nursery pond

从鱼苗或虾苗培育到幼鱼或幼虾的场所。

3.5

后备亲本培育池 grow-out pond

从幼鱼或幼虾(种苗)培育到成体的场所。

3.6

亲本培育车间(池) maturation facility

从成体培育到性成熟达到繁育期的亲本培育场所。

3.7

交配与产卵池 spawning pond

亲本自然交配或定向交配及产卵的场所。

3.8

备份基地 back-up center

用于备份保存、培育目标物种传代群体的场所。

4 选址与建设条件

4.1 鱼、虾遗传育种中心建设地点的选择应充分进行调研、论证,符合相关法律法规、水产原良种体系建设规划以及当地城乡经济发展规划等要求。

4.2 建设地点应选择在隔离、无疫病侵扰的场所。

4.3 建设地点应有满足目标物种生长、繁殖条件的水源,水质应符合 GB 11607 的规定。

4.4 建设地点选择应充分考虑当地地质、水文、气候等自然条件。

4.5 建设地点不应在矿区、化工厂、制革厂等附近的环境污染区域。

5 建设规模与项目构成

5.1 鱼、虾遗传育种中心的建设,应根据全国和区域渔业发展规划和生产需求,结合自然条件、技术与经济等因素,确定合理的建设规模。如采用家系育种技术,需设置一定数量的家系或群组繁育单元。

5.2 鱼、虾遗传育种中心建设规模应达到表 1 的要求。

表 1 鱼、虾遗传育种中心建设规模要求

种类名称	核心种群规模	年提供亲本/后备亲本数量
中国对虾	>500 尾/年	>5 000 尾/年
罗氏沼虾	>5 000 尾/年	>50 000 尾/年
大菱鲆	>2 000 尾/年	>1 000 尾/年
斑点叉尾鮰	>500 尾/年	>1 000 尾/年

5.3 鱼、虾遗传育种中心建设项目应包括下列内容:

a) 育种设施:
  1) 苗种培育系统:产卵池、孵化池、育苗车间、中间培育池;
  2) 亲本培育系统:亲本养殖池、亲本培育池、定向交配池;
  3) 动物、植物饵料培育车间(池)。

b) 给排水系统:蓄水池、水处理消毒池、高位水池、给排水渠道(或管道)、循环水系统、排水的无害化处理等相关设备,水泵房;

c) 隔离防疫设施:车辆消毒池、更衣消毒室、清洗消毒间、隔离室等,场外、场内需设置防疫间距、隔离物等;

d) 辅助生产设施:档案资料室、标本室、化验室、性状测量室、标记实验室等,有条件的地方可设置育种生产监控室等;

e) 配套设施:变配电室、锅炉房、仓库、维修间、通讯设施、增氧系统、场区工程、饲料加工车间等;

f) 管理及生活服务设施:办公用房、食堂、宿舍、围墙、大门、值班室等;

g) 备份基地:亲本、后备亲本培育池,亲本培育车间及育种车间等设施。

5.4 鱼、虾遗传育种中心建设应充分利用当地提供的社会专业化协作条件进行建设;改(扩)建项目应充分利用原有设施;生活福利工程可按所在地区规定,尽量参加城镇统筹建设。

6 工艺与设备

6.1 育种技术工艺与设施设备的选择,应适于充分发挥目标物种的遗传潜力,培育具有生长快、抗逆性强、品质好等优良经济性状的改良种;应遵循优质、高产、节能、节水、降低成本和提高效率等原则。

6.2 应建立系统的育种技术路线,制定有关育种的技术标准。通过收集目标物种的不同地理群体或养殖群体,经过检疫、养殖测试安全后,构建遗传多样性丰富的育种群体,依据生产需求,确定选育目标,培育优良品种。

6.3 育种技术工艺:根据目标物种的特点及种质资源情况,采用先进、成熟和符合实际的新技术、新工艺:

a) 近交衰退技术:应建立育种动物系谱,严格控制近交衰退及种质退化;
b) 性状测试技术:应在相同的养殖环境中进行比对群体的性状测试;
c) "单行线"运行工艺流程:在水产遗传育种中心设计与建设过程中,要充分考虑内、外环境的安全、稳定,对核心育种群体培育池、亲本培育车间、育苗车间等重要育种设施的人、物流动应实行"单行线"运行工艺流程。

6.4 设备选择应与工艺要求相适应。尽量选用通用性强、高效低耗、便于操作和维修的定型产品。必要时,可引进国外某些关键设备。设备一般应配置:

a) 增氧设备:增氧机、充气机;
b) 控温设备:锅炉、电加热系统、制冷系统;
c) 标记设备:个体标记和家系标记设备;
d) 生产工具:生产运输车辆、船只、网具等;
e) 育种核心群体应采用计算机管理,应配置相应的管理软件,建立育种群体数据库;
f) 如果采用循环水养殖技术,应配备水处理系统。

6.5 仪器设备:鱼、虾遗传育种中心的实验仪器设备最低配置标准参见附录A。

7 建设用地与规划布局

7.1 鱼、虾遗传育种中心建设既要考虑当前需要,又要考虑今后发展。规划建设时,应考虑洪涝、台风等灾害天气的影响,同时考虑寒冷、冰雪等可能对基础设施的破坏。南方地区还要考虑夏季高温对设施、设备的影响。

7.2 建设用地的确定与固定建筑的建造应根据建设规模、育种工艺、气候条件等区别对待,遵循因地制宜、资源节约、安全可靠、便于施工的原则。应坚持科学、合理和节约的原则,尽量利用非耕地,少占用耕地,并应与当地的土地规划相协调。

7.3 鱼、虾遗传育种中心建设用地,宜达到表2所列指标。

表2 鱼、虾遗传育种中心建设用地指标

种类名称	建设用地,m^2
鱼	80 000
虾	80 000

7.4 鱼、虾遗传育种中心内的道路应畅通,与场外运输道路连接的主干道宽度一般不低于6 m,通往池塘、车间、仓库等运输支干道宽度一般为3 m~4 m。

7.5 应设置水消毒处理池,自然水域取水应经过消毒、过滤后使用;高位池宜设在场区地势较高的位置,尽量做到一次提水。

7.6 取水口位置应远离排水口,进、排水分开。

8 建筑工程及配套设施

8.1 鱼、虾遗传育种中心的主要建设内容的建筑面积,宜达到表3和表4的所列指标。

表3 鱼遗传育种中心主要育种设施建筑面积

工程名称	建设内容	单位	面积
育种设施	亲鱼培育池	m^2	66 700
	配种车间	m^2	500
	配种池	m^2	1 000
	苗种孵化池	m^2	500
	苗种培育车间	m^2	1 000
	标记混养池	m^2	10 005
	隔离检疫室	m^2	1 000
	饵料培育池	m^2	2 000
隔离防疫设施	车辆消毒池、更衣消毒室、清洗消毒间、隔离室等	m^2	500
辅助设施	档案室、资料室、实验室、综合管理房等	m^2	600

表4 虾遗传育种中心主要育种设施建筑面积

工程名称	建设内容	单位	面积
育种设施	亲虾培育池	m^2	66 700
	亲本车间	m^2	1 000
	配种车间	m^2	500
	配种池	只	120
	苗种孵化池	m^2	500
	苗种培育车间	m^2	500
	标记混养池	m^2	10 005
	隔离检疫室	m^2	500
	饵料培育池	m^2	2 000
隔离防疫设施	车辆消毒池、更衣消毒室、清洗消毒间、隔离室等	m^2	500
辅助设施	档案室、资料室、实验室、综合管理房等	m^2	600

8.2 亲本培育车间、孵化车间、育苗车间建筑及结构形式为:

a) 车间一般为单层建筑,根据建设地点的气候条件及不同物种的孵化要求,可采用采光屋顶、半采光屋顶等形式。车间建筑设计应具备控温、控光、通风和增氧设施。其结构宜采用轻型钢结构或砖混结构;

b) 车间的电路、电灯应具备防潮功能;

c) 车间宜安装监控系统。

8.3 其他建筑物一般采用有窗式的砖混结构。

8.4 各类建筑抗震标准按 GB 50011 的规定执行。

8.5 配套工程应满足生产需要,与主体工程相适应。配套工程应布局合理、便于管理,并尽量利用当地条件。配套工程设备应选用高效、节能、低噪声、少污染、便于维修使用、安全可靠、机械化水平高的设备。

8.6 池塘的要求为:

a) 池塘宜选择长方形，东西走向；

b) 池塘深度一般不低于 1.5 m，北方越冬池塘的水深应达到 2.5 m 以上；池壁坡度根据地质情况计算确定；

c) 用于育种群体养殖的池塘，需建立隔离防疫、防风、防雨及防鸟等设施设备。

8.7 供电：当地不能保证二级供电要求时，应自备发电机组。

8.8 供热：热源宜利用地区集中供热系统，自建锅炉房应按工程项目所需最大热负荷确定规模。锅炉及配套设备的选型应符合当地环保部门的要求。

8.9 消防设施应符合以下要求：

a) 消防用水可采用生产、生活、消防合一的给水系统；消防用水源、水压、水量等应符合现行防火规范的要求；

b) 消防通道可利用场内道路，应确保场内道路与场外公路畅通。

8.10 通讯设施的设计水平应与当地电信网络的要求相适应。

8.11 管理系统应配备计算机育种管理系统，提高工作效率和管理水平。

9 防疫防病

9.1 建设项目应符合《中华人民共和国动物防疫法》、《动物检疫管理办法》等有关规定。

9.2 应建设的防疫设施有车辆消毒池、更衣消毒室、清洗消毒间、隔离室等，场外、场内需设置防疫间距、隔离物等。

9.3 根据目标物种的需要，建设动物或植物饵料专用培育车间(池)。防止使用未经消毒处理的来自自然水域的活体饵料。

9.4 来源于自然水域的养殖用水应配置水处理池，进行消毒处理后才能使用。

10 环境保护

10.1 建设项目应严格按照国家有关环境保护和职业安全卫生的规定，采取有效措施消除或减少污染和安全隐患，贯彻“以防为主，防治结合”的方针。

10.2 应有绿化规划，绿化覆盖率应符合国家有关规定及当地规划的要求。

10.3 化粪池、生产和生活污水处理场应设在场区边缘较低洼、常年主导风向的下风向处；在农区宜设在农田附近。

10.4 应设置养殖废水处理设施，符合 SC/T 9101 和 SC/T 9103 的要求。

10.5 自设锅炉，应选用高效、低阻、节能、消烟、除尘的配套设备，应符合国家和地方烟气排放标准。贮煤场应位于常年主导风向的下风向处。

10.6 鼓励采用太阳能、地源热泵等清洁能源用于遗传育种中心建设。

11 人员要求

11.1 主要技术负责人要求本科以上学历，具有遗传育种专业背景，具有正高级技术职称，从事水产育种工作 5 年以上。

11.2 技术人员中具有高级、中级技术职称的人员比例应不低于 20%和 40%。

11.3 技术工人应具有高中以上文化程度，经过操作技能培训并获得职业资格证书后方能上岗。

12 主要技术经济指标

12.1 工程投资估算及分项目投资比例按表 5 所列指标控制。

表 5　鱼、虾遗传育种中心工程投资估算及分项目投资比例

种类	总投资 万元	建筑工程 %	设备及安装工程 %	其他 %	预备费 %
鱼	700～800	50～60	30～40	6～10	3～5
虾	700～800	50～60	30～40	6～10	3～5

12.2　鱼、虾遗传育种中心建设主要材料消耗量见表 6。

表 6　鱼、虾遗传育种中心建设主要材料消耗量表

名称	钢材,kg/m^2	水泥,kg/m^2	木材,m^3/m^2
轻钢结构	30～45	20～30	0.01
砖混结构	25～35	150～200	0.01～0.02
其他附属建筑	30～40	150～200	0.01～0.02

12.3　鱼、虾遗传育种中心建设工期指标见表 7。

表 7　鱼、虾遗传育种中心建设工期指标

名称	淡水鱼、虾	海水鱼、虾
建设工期,月	12～18	15～20

附　录　A
（资料性附录）
鱼、虾遗传育种中心仪器最低配备标准

显微镜（生物显微镜、荧光显微镜、倒置显微镜）
PCR 仪
电泳仪
凝胶成像仪
离心机
培养箱
超净工作台
精密电子天平
水质分析仪
水浴锅
纯水仪
烘干箱
紫外可见分光光度计
解剖镜
电冰箱（含低温）
酶标仪
照相、录像设备
灭菌锅
计算机
微芯片及其扫描仪

ICS 65.040.01
P 85

中华人民共和国农业行业标准

NY/T 2166—2012

橡胶树苗木繁育基地建设标准

Construction criterion for base of rubber tree seedling breeding

2012-06-06 发布　　2012-09-01 实施

中华人民共和国农业部　发布

目　次

前　言

本标准按照 GB/T 1.1—2009 给出的规则起草。

本标准由中华人民共和国农业部发展计划司提出。

本标准由中华人民共和国农业部农产品质量安全监管局归口。

本标准起草单位:海南省农垦设计院。

本标准主要起草人:潘在焜、王振清、董保健、钟银宽、范海斌、张霞、王娇娜、韩成元、何英姿。

本标准实施时,在建及已批准建设的项目,仍按原规定要求执行。

橡胶树苗木繁育基地建设标准

1 范围

本标准规定了橡胶树苗木繁育基地建设的基本要求。

本标准适用于我国县级以上橡胶树苗木繁育基地的新建、更新重建项目建设;在境外投资的橡胶树苗木繁育生产建设项目,应结合当地情况,灵活执行本标准;其他种类的橡胶树苗木繁育建设项目,可参照本标准。

本标准不适用于科研、试验性质的橡胶树育苗场地建设。

本标准可以作为编制、评估和审批橡胶树繁育基地建设项目建议书、可行性研究报告的依据。

2 规范性引用文件

下列文件对于本文件的应用是必不可少的。凡是注日期的引用文件,仅注日期的版本适用于本文件。凡是不注日期的引用文件,其最新版本(包括所有的修改单)适用于本文件。

GB/T 17822.1—2009 橡胶树种子

GB/T 17822.2—2009 橡胶树苗木

GB 50188—2007 镇规划标准

GB/SJ 50288—99 灌溉与排水工程设计规范

JGJ 26—1995 民用建筑节能设计标准

JIGB 01—2003 公路工程技术标准

NY/T 688—2003 橡胶树品种

NY/T 221—2006 橡胶树栽培技术规程

3 术语和定义

下列术语和定义适用于本文件。

3.1

橡胶树苗木繁育基地 base of rubber tree seedling breeding

得到国家县级以上人民政府有关部门投资支持或核准建设的,为满足市场对橡胶树定植材料的需要,繁育橡胶树的苗木生产区。

3.2

成品苗木 products seedling

符合橡胶树定植材料质量要求的橡胶树苗木。

3.3

苗圃地 nursery

用于直接繁育橡胶树苗木的土地。

3.4

炼苗棚 refined seedlings tent

用于橡胶组培苗移栽前或袋装苗木出圃定植前,逐步增强对自然环境适应性的过渡设施。

3.5

育苗荫棚 seedling pergola

为幼苗生长提供具有遮光、保温、保湿作用的棚室。

3.6

籽苗芽接工作室　seedling bud grafting studio

用于籽苗芽接操作的工作用房。

3.7

水肥池　water-fertilizer pool

用于存贮灌溉用水或沤制液态肥料的池子。

4　建设规模与项目构成

4.1　建设规模

4.1.1　确定建设规模的主要依据

4.1.1.1　橡胶树苗木供应区域的橡胶种植现状及发展规划。

4.1.1.2　基地的经营管理水平及技术力量。

4.1.1.3　土地等自然资源条件。

4.1.1.4　橡胶树苗木生产过程中的社会化服务程度。

4.1.2　建设规模

苗圃基地的建设规模，应按苗圃用地面积和年度供应市场需求的种植苗木数量确定。

一个基地的苗圃面积一般应在 10 hm^2 以上，年生产各种橡胶树成品苗木 30 万株以上。有较强科技力量支撑及良好的交通条件时，苗圃地面积可大一些，但不宜大于 65 hm^2。

4.2　项目构成与主要建设内容

4.2.1　苗圃地建设

项目建设的主要内容包括土地开垦与备耕、道路及灌排水、水肥池等农业田间工程和育苗荫棚、炼苗棚、全控式保温大棚等农业设施。

4.2.2　管理办公及配套生活设施

管理办公设施主要包括经营管理办公用房、实验检测用房、库房、门卫(值班室)、配电室、围墙及其他防护安全设施等。

配套生活设施主要有职工宿舍、食堂和文体娱乐设施等。

5　选址与建设条件

5.1　选址依据

5.1.1　省域的天然橡胶种植规划。

5.1.2　基地所在地区的土地利用总体规划。

5.1.3　橡胶树苗木统筹安排、合理布局、相对集中、规模化生产的要求。

5.1.4　充分结合利用现有工程设施。

5.2　建设条件

5.2.1　适宜建设条件

5.2.1.1　小区自然环境优良。宜选在平缓坡地，静风向阳，有适当的防护林保护系统。不宜利用迎冬季主风向的坡面。

5.2.1.2　土地条件良好。要求壤土或沙壤土；土层厚度＞0.5 m，在 0 m～0.5 m 深的土层中无石砾层；排水良好。

5.2.1.3　生产用水、用电有保障。供水水源尽可能选用常年有水的自然水体以及有充分供水保障率的池塘、水库等。

5.2.1.4　交通便利。道路通畅，可以全天候通车。

5.2.2　有以下情况之一者，不适宜建设基地

5.2.2.1　地下水埋深小于0.5 m，排水困难的低洼地。

5.2.2.2　土层厚度<0.5 m，且土层下为坚硬基岩。

5.2.2.3　坡度>25°地段。

5.2.2.4　瘠瘦、干旱的沙土地带。

5.2.2.5　风害、寒害严重，不适宜种植橡胶树的地区。

6　农艺技术与设备

6.1　农艺技术

6.1.1　育苗农艺流程图

育苗农艺流程详见图1。

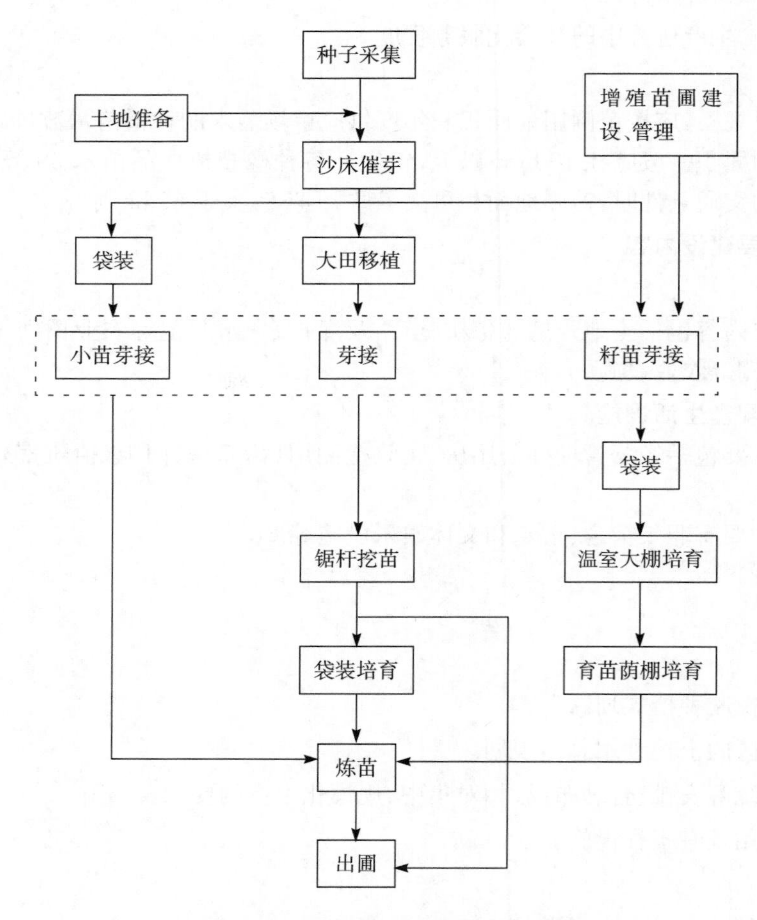

图1　橡胶树苗木繁育农艺流程图

6.1.2　育苗工作环节

6.1.2.1　土地准备

主要包括苗圃用地的土地开发、整理、复垦以及修苗床等土地备耕，还包括灌排水、道路等各项农业田间工程建设。

6.1.2.2　橡胶树种子采集

应在经鉴定或省级主管部门认定的合格采种区或省级主管部门批准的种子园中采集优良种子。

6.1.2.3 催芽与芽接

采集到的种子经沙床催芽后再行移床育苗。

可以采用大苗芽接、小苗芽接、籽苗芽接3种芽接方式。

6.1.2.4 采种、芽接、育苗、苗木出圃、芽条增殖、芽条包装运输和贮存

各项工作内容及技术管理应符合NY/T 221、GB 17822.1等有关规定。

6.2 主要设备

6.2.1 设备配置的基本原则

6.2.1.1 满足农艺技术要求和各生产过程的需要。

6.2.1.2 充分利用农机具的社会化服务能力。

6.2.1.3 先进实用、安全可靠、节能高效。

6.2.1.4 优先选择国产设备。

6.2.1.5 充分利用现有设备,按需要补充新设备。

6.2.2 主要设备的配置

6.2.2.1 办公设备

按管理办公人员数量和需要配置办公桌椅。按管理部门的设置和需要配备电脑、档案柜、打印机和投影设备等。

6.2.2.2 试(实)验设备

按试(实)验任务和项目建设需要,配置试验台及仪器设备。

6.2.2.3 农机具

用于苗圃地犁耙整地的中、小型拖拉机1台,小型旋耕机1台,以及必要的犁耙等农机具。

6.2.2.4 运输工具

用于基地内部生产运输、对外销售服务的农用汽车1辆~2辆。

6.2.2.5 植保机具

宜按病害、虫害发生的特点与规律性,配置充足适用的植保机具。

7 用地分类与规划布局

7.1 土地类别

橡胶树苗木繁育基地使用的土地主要是农用地,而且主要是用于繁育橡胶树苗木的园地;其次是用于环境保护的林地及少量其他用地。

7.2 用地规模与结构

7.2.1 用地面积

基地的土地总面积,应根据土地资源特点、基地建设规模等条件确定。一般情况,不应小于15 hm^2。

7.2.2 用地结构

7.2.2.1 苗圃地

苗圃地应占用地总面积的70%以上。

7.2.2.2 农业田间工程用地

包括道路、灌排水沟渠(管道)、供电线路、水肥池、机井及抽水站(房)、防护及安全设施等用地。一般控制在占用地10%左右,在满足育苗生产要求前提下尽量节省用地。

7.2.2.3 管理办公及配套生活设施用地

根据实际需要，合理安排。一般占用地6%以下。

7.2.2.4 其他用地

包括居民点占地以及防护林、景观生态林、节能设施、安全及环保设施等用地。应控制在用地总面积的14%左右。

7.3 主要用地规划布局

7.3.1 苗圃地

根据育苗生产过程特点划分用地功能区，保证工序作业流畅。

综合考虑地形特点、育苗的农艺流程、农业设施与田间设施要求以及其他用地分布等合理划分不同育苗功能小区范围，确定苗圃地块规格、育苗床的布设、棚室等农业设施的设置与用地布局。

7.3.2 管理办公及配套生活设施用地

尽可能布置在地势较高的地方或者苗圃用地的中部，靠近基地交通的主要出入口地带。

已经建有居民点的基地，管理办公、生活设施等应建设在居民点内，不另配置管理办公及配套生活设施用地。

7.3.3 道路

基地内道路分干道、生产路二级。干道为基地办公区对外交通的主要道路，生产路为苗圃地内的运输和生产管理的道路。

道路密度宜控制在6.5 km/km² 左右。

道路建设标准应按满足车行、人行、机械作业要求而确定，可参考表1设计。

表1 道路等级与规格

级别	路基宽度 m	路面宽度 m	路面材料
干道	≥7.5	3.5～6.0	水泥混凝土
生产路	4.5～6.0	≥3.0	砂石或混凝土

8 主要工程设施

8.1 建筑工程及附属设施

8.1.1 管理办公建筑

新建基地的办公管理用房建筑面积按办公人数计，控制在每人20 m²～30 m²。宜采用砖混或框架结构，建低层房层。

8.1.2 试(实)验室

生产规模较大或常有科研任务的基地，根据试(实)验、检测任务配置高压灭菌锅、恒温干燥箱、分析天平、酸度计等相应设备，并根据试验、检测工艺和设备要求配建实验室。实验室建筑面积可在100 m²左右，采用砖混或框架结构，可以独立建设或与办公管理用房合并建设。

8.1.3 籽苗芽接工作室

新建基地，根据基地建设规模建设相应的籽苗芽接工作室。一般情况，建筑面积控制在100 m² 左右，可选用砖混结构。

8.1.4 库房

包括生产资料仓库、汽车库、农机具库等。根据需要配建。宜采用砖混或轻钢结构。

8.1.5 宿舍、食堂

根据基地工作人员住宿、餐饮和文体活动需要配置。建筑物宜采用砖混或框架结构。

8.1.6 建筑防火设计

橡胶树苗木繁育基地的建设防火类别、耐火等级,应符合 GBJ 39 的规定。

火灾危险类别为丁级。

耐火等级:管理办公、配套公共建筑、生产及辅助生产建筑、各类库房、生活性建筑为三级;配电室按具体情况,可二级或三级。

8.1.7 建筑抗震设计

橡胶树苗木繁育基地的抗震设计,应符合 JGJ 161 的规定。

8.1.8 主要建筑结构设计使用年限

管理办公、试(实)验室、宿舍及食堂等框架或砖混结构建筑,设计使用年限为 50 年。

生产资料库等轻钢结构建筑使用年限为 25 年。

8.2 田间工程

8.2.1 田间工程布局与建设的基本要求

根据苗圃地的特点和生产内容要求,确定建设田间工程的类别与规模、规格。

各项工程设施应尽可能相互结合配置,统筹安排,合理布局。

8.2.2 防护林建设

有风害地区,应该营造防护林带。

在基地区、苗圃地周围设置宽度 10 m 以上的林带;苗圃区内,每隔 2 个~4 个苗圃地块,设置一条宽 6 m~8 m 的林带。

8.2.3 土地整理

8.2.3.1 划分苗圃地块

根据地形确定苗圃地块形状与规模。一般情况,地块取长方形,面积以 1.0 hm^2~1.33 hm^2 为宜。

8.2.3.2 土地平整

地形坡度 3°以下,不修梯田。3°以上,修水平梯田,相邻田面的高差宜控制在 1.0 m 以下。

8.2.3.3 苗圃地备耕

新建苗圃地的土地开垦,宜按 NY/T 221—2006 中 7.1.1~7.1.4 的规定执行。

各地类的备耕均要犁耙 2 遍~3 遍,耕深 25 cm 左右,并且清除杂草、树根等。

改良土壤。一般在修筑苗床的同时,施入优质腐熟有机肥和过磷酸钙等矿物质肥料。有条件的基地,可测土施肥。

8.2.4 棚室等农业设施

8.2.4.1 棚室用地结构

应根据组培苗、籽苗芽接苗、袋装苗等生产方向与用地规模,配建相应棚室类设施。一般情况,育苗荫棚占地面积为砧木苗圃地面积的 20%~25%。

基地的苗木繁育方针或低温寒害程度不同,各类棚室建设用地比例会有所差异。籽苗芽接繁育比重较大时,炼苗棚、全控式保温大棚的用地比例可适当大一些。

一般各类棚室的用地结构为:育苗荫棚∶炼苗棚∶全控式保温大棚=15∶2∶1。

8.2.4.2 棚室结构及配套设备设施

各类棚室均可采用钢架结构。育苗荫棚采用遮阳网覆盖,配有喷淋系统;炼苗棚采用遮阳网加防雨的塑膜覆盖,配套固定式喷灌设施;全控式保温大棚采用塑膜覆盖,并有通风采光、喷灌设施和配电系统。

8.2.5 灌排水工程

8.2.5.1 灌溉方式及保证率

棚室区圃地采用喷灌方式,露地(地播)苗圃采用淋灌或喷灌方式。灌溉保证率应达到 95%以上。

8.2.5.2 灌水设施

引水渠一般采用明渠,人工材料防渗。

灌水管道宜用PVC管。

配建抽水站、水塔或高位水池、加压泵、田间喷灌设施等。

参照灌溉与排水工程设计规范有关规定设计及选用相应设备设施。

8.2.5.3 排水工程

一般采用明沟排水,沟壁衬砌。排水标准的设计重现期不小于15年。育苗圃地的淹水时间不超过2 h。

8.2.6 水肥池

每0.20 hm^2～0.33 hm^2 圃地设置一个水肥池。池的容积为2 m^3～3 m^3。

8.2.7 供电

基地用电应以国家电网为电源,在基地内设置中低压变压器和开关站。

8.2.8 道路

8.2.8.1 道路

布设在苗圃地块边缘。一个地块至少两边有路。

干道宜按JTG B01中的三级或四级公路的规定修筑;生产路通常采用砂石路面。由于地质原因或综合交通功能需要,采用混凝土路面时,面层厚度为15 cm～18 cm。

8.2.8.2 桥梁、涵洞

桥梁、涵洞的修架,参照JTG B01的有关规定。

9 节能、节水与环境保护

9.1 节能节水

建筑设计应严格执行国家规定的有关节能设计标准。

棚室等设施应充分利用日光、太阳能、自然通风换气;宜采用节水灌溉工程设施,节约用水。

9.2 环境保护

9.2.1 农药保管与使用

农药仓库设计应符合国家有关的化学品、危险品仓库设计规范。

严禁使用国家规定禁用的高毒、高残留农药。

9.2.2 固体废弃物处理

禁止使用不符合环境保护要求的建筑材料。

建筑垃圾应分类堆放,充分回收利用,不能利用的垃圾要运送到垃圾处理场集中处理。

生产过程中产生的遮阳网、塑膜、包装袋等废弃物,应分类收集,集中存放,按有关规定处理。

10 主要技术经济指标

10.1 劳动定员

10.1.1 人员配备的主要依据

按苗圃地面积配备生产管理人员。

单位面积配备的人员指标,应考虑到基地的基础设施配套建设程度、苗圃用地的土地条件特点、育苗工作方法、农业生产机械化程度等因素,因基地而异。

10.1.2 劳动定员

每10 hm^2 苗圃地配备的生产管理、技术人员等,应按以下指标计:

直接生产工人:10人～16人;

育种技术员：2 人～3 人；

行政后勤人员：0.6 人～1.0 人；

每个生产基地营销人员 1 人～3 人；

每个生产基地负责人：1 人～3 人。

综合生产条件较好的基地，生产工人、技术人员及后勤人员的配备指标量应采用上限值。生产规模较小的生产基地，营销工作可以由基地负责人兼任。

10.2 主要生产物资消耗量

按繁育出的每万株成品苗木计，生产过程中主要物资消耗量宜按下列指标控制：

用水量 1 300 m^3～1 500 m^3；

用电量 500 kWh～800 kWh；

育苗袋 1.5 万个；

塑料薄膜 50 kg；

遮阳网等 12 kg。

10.3 主要建设内容及建设标准

10.3.1 建设投资控制指标

按建设规模，将基地划分为 4 种类别。各类别基地的建设投资额度控制参照表 2。

表 2 橡胶树苗木繁育基地建设投资额度表

类别	建设规模 hm^2	总投资指标 万元	项目及其投资额度比例			
			建筑工程及附属设施 %	农业田间工程 %	农机具及主要设备 %	其他 %
小	10	377.84～485.24	25.6～29.7	55.7～58.4	9.3～10.5	5.3～5.5
较小	20	580.37～832.19	23.8～27.4	56.6～59.8	10.5～10.8	5.0～5.5
中	40	997.47～1 441.05	19.4～22.7	64.0～67.3	7.9～8.1	5.2～5.6
大	60	1 422.64～2 063.42	17.5～20.6	70.5～70.6	6.7～6.9	5.1～5.2

注 1：建筑工程及附属设施主要包括管理办公室用房、检测实验室、籽苗芽接室、宿舍及食堂、生产资料与农机具库(棚)、办公区配套设施。

注 2：农业田间工程主要包括土地管理、道路工程、灌排水设施、育苗棚室和防护设施。

注 3：农机具及主要设备包括农用汽车、拖拉机、农机具、办公及试验设备。

注 4：其他主要包括建设单位管理费、项目建设前期工作费、工程建设投标及监理费。

10.3.2 项目主要建设内容标准

项目主要建设内容、规模及标准见表 3。

表 3 项目主要建设内容、规模及标准

<table>
<tr><th>序号</th><th>建设内容</th><th>单位</th><th>建设规模</th><th>单价
元</th><th>建设标准</th><th>内容和要求</th></tr>
<tr><td colspan="7">一、建筑工程</td></tr>
<tr><td>1</td><td>管理、办公用房</td><td>m²</td><td>按管理办公人数计 20 m²/人～30 m²/人</td><td rowspan="2">1 400～1 700</td><td rowspan="2">框架或砖混结构、地砖地面，内外墙涂料，塑钢或铝合金门窗，水电常规配套，分体式空调</td><td rowspan="2">包括土建、装饰、给排水、消防、照明及弱电、通风及空调工程等</td></tr>
<tr><td>2</td><td>试(实)验室</td><td>m²</td><td>100 左右</td></tr>
<tr><td>3</td><td>籽苗芽接工作室</td><td>m²</td><td>100～200</td><td>1 100～1 300</td><td rowspan="2">砖混结构，普通地砖地面，内外墙涂料，塑钢或铝合金门窗</td><td rowspan="2">包括土建、装饰、通风及空调、给排水、消防、照明及弱电工程等</td></tr>
<tr><td>4</td><td>宿舍、食堂</td><td>m²</td><td>150～250</td><td>1 200～1 500</td></tr>
</table>

表3（续）

序号	建设内容	单位	建设规模	单价 元	建设标准	内容和要求
5	生产资料库	m^2	100～200	800～1 200	砖混或轻钢结构	包括土建、装饰、通风及空调、给排水、消防、照明及弱电工程等
6	汽车库	m^2	50～80	800～1 200		
7	农机具库	m^2	80～120	800～1 200		
8	农具棚	m^2	150～250	500～700	轻钢结构，石棉瓦屋面，无围护或围护结构高不超过 1.2 m	包括土建、装饰、弱电及照明工程等
9	配电房	m^2	20	2 000～2 700	砖混结构，变压器容量 100 kW～400 kW	包括土建、装饰工程和变压器等配电设备购置与安装
10	大门、门卫房	套	1	60 000～100 000	铁栏杆焊接、砖混结构	含门柱、包括土建、装饰、给排水、照明工程等
二、田间工程						
1	土地整理	hm^2	10～65	6 500～8 000	地形坡度＞3°时修梯田，≤3°时全垦，修沟埂梯田；采用机械犁耙 2 遍，耕深 25 cm 左右	包括土地开垦、土地平整、修苗床、施有机肥和过磷配钙类矿物肥、土壤消毒、修步道等
2	道路工程					
2.1	干道	km	按规划设计	450 000～500 000	混凝土路面，宽 5 m～6 m，面层厚大于 22 cm	包括土方填挖、垫层、结构层、面层等修建内容，参照公路工程技术标准设计
2.2	生产路	km	按规划设计	50 000～70 000	砂石路面，宽大于 3 m	
2.3	桥梁、涵洞	m^2	按规划设计		混凝土结构，参照公路工程技术标准设计	参照国家有关技术要求
3	灌排设施					
3.1	抽水站等及配套建设	座	1	50 000～80 000	在机井或提水灌溉水源附近设置，站房采用砖混结构	包括机井/抽水站、水泵、动力机、输变电设备、井台等
3.2	灌水渠道	m	按规划设计	80～120	明渠，混凝土预制板或砖石衬砌，断面按需要设计	包括沟渠土方、运土、夯实、衬砌、抹灰等各项工程
3.3	灌溉管道	m	按规划设计	90～130	PVC 管，输水管Φ150～250，配水主管 Φ110～120，支管 Φ90～110	包括首部加压系统及泵房、挖土、管道敷设、回填土、安装、过滤设备、化肥罐等
3.4	排水沟	m	按规划设计	70～100	明沟、混凝土预制板或砖石衬壁。断面按排水量设计	包括土方开挖、运土、砌衬、抹灰等各项工程
3.5	水肥池	个	30～200	1 900～2 400	砖石砌壁铺底、容积 2 m^3/个～3 m^3/个	包括土方开挖、衬砌、外填土、夯实、池内水泥沙浆抹面
4	全控式保温大棚	m^2	按 8.1.5.1 条计算	600～900	钢架结构，配套喷灌、通风、采光设施	土建工程、灌溉、通风、采光、遮阳、配电等各项工程
5	炼苗棚	m^2	按 8.1.5.1 条计算	60～100	钢架结构、喷灌设施	包括平整土地、钢架、遮阳、灌溉设施等工程
6	育苗荫棚	m^2	按 8.1.5.1 条计算	40～80	钢架结构、遮阳网	包括平整土地、钢架、遮阳网等工程
7	输配电线	m	按规划设计	200～260		包括变配电设备及安装费、电杆、低压线路敷设等

表 3（续）

序号	建设内容	单位	建设规模	单价 元	建设标准	内容和要求
8	围栏(墙)	m	按规划设计	100～160	高 1.5 m～2.0 m	包括基础、墙体或铁丝网栅栏等
9	围篱	m	按规划设计	10～15	密植 2 行～3 行刺树	包括种苗、种植及土方挖掘、筑埂
10	防畜(兽)沟	m	按规划设计	25～30	沟面宽 2.5 m,底宽 1.0 m,深 1.5 m;一侧筑埂	
三、主要仪器设备、农机具						包括电脑 2 台、打印、投影设备、办公桌椅、档案柜、相机 1 台等。包括籽苗芽接工具、实验室仪器设备
1	办公设备	套(台)	按规划设计	60 000～80 000		
2	试验仪器、芽接设备	套	1	60 000～90 000		

ICS 65.040.01
P 85

中华人民共和国农业行业标准

NY/T 2167—2012

橡胶树种植基地建设标准

Construction criterion for planting base of rubber tree

2012-06-06 发布

2012-09-01 实施

中华人民共和国农业部 发布

目　次

前　　言

本标准按照 GB/T 1.1—2009 给出的规则起草。

本标准由中华人民共和国农业部发展计划司提出。

本标准由中华人民共和国农业部产品质量安全监管局归口。

本标准起草单位:海南省农垦设计院。

本标准主要起草人:潘在焜、王振清、董保健、钟银宽、范海斌、张霞、王娇娜、韩成元、何英姿。

本标准实施时,在建及已批准建设的项目,仍按原规定要求执行。

橡胶树种植基地建设标准

1 范围

本标准规定了橡胶树种植基地建设的基本要求。

本标准适用于我国县级以上橡胶树种植基地的新建、更新重建、扩建项目建设；在境外投资的橡胶树种植基地项目建设，可结合当地情况灵活执行本标准；其他类型的橡胶树种植项目建设可以参照本标准。

本标准不适用于以科研、试验为主要目的的橡胶树种植项目建设。

本标准可以作为编制、评估和审批橡胶树种植基地建设项目建议书、可行性研究报告的依据。

2 规范性引用文件

下列文件对于本文件的应用是必不可少的。凡是注日期的引用文件，仅注日期的版本适用于本文件。凡是不注日期的引用文件，其最新版本(包括所有的修改单)适用于本文件。

GB/T 17822.2—2009 橡胶树苗木

GB 50189—2005 公用建筑节能设计标准

GB 50188 镇规划标准

NY/T 221—2006 橡胶树栽培技术规程

NY/T 688—2003 橡胶树品种

JIG B01—2003 公路工程技术标准

JTG D20 公路线路设计规范

3 术语和定义

下列术语和定义适用于本文件。

3.1

橡胶树种植基地 planting base of rubber tree

得到国家县级以上人民政府投资支持或关注的，由企业投资建设，按照企业模式经营管理的橡胶树生产性种植区。

3.2

橡胶宜林地 rubber-suitable region

适合橡胶树生长和产胶的一种土地资源。

3.3

橡胶宜林地等级 grade of rubber-suitable region

依据风、寒为主要气候条件因子造成的橡胶树生长速度、产胶能力的差异，对植胶土地的生产力划分等级。目前分为甲、乙和丙 3 个等级。

3.4

拦水沟 intercepting ditch

设置在橡胶园最高一行梯田上方的排水沟。

3.5

泄水沟 discharge ditch

设在橡胶林段下方排除胶园积水的水沟。

3.6

橡胶树非生产期　non-productive period of rubber tree

指生产性种植的橡胶树，从定植起至达到规定割胶标准的生长时间。

4 建设规模与项目构成

4.1 建设规模

橡胶树种植基地建设规模，应按橡胶树种植面积计算。一个橡胶树种植基地的橡胶树种植面积不宜小于 667 hm^2(1.0 万亩)。

4.2 建设项目

4.2.1 建设用地功能分区

按照节约用地、合理布局、有利生产、方便管理的原则，橡胶树种植基地的土地可以划分为农业生产、生活管理两类功能区。农业生产区主要安排田间工程建设；生活管理区集中安排建筑工程及附属设施。

4.2.2 农业生产区主要建设项目

主要有橡胶园区规划设计、(有风害地区的)防护林建设、道路(桥涵)建设、收胶站(点)建设、橡胶园土地治理、橡胶树定植及橡胶园生产管理等项目。

4.2.3 生活管理区主要建设项目

按基地建设、管理和生活居住的需要，并依据镇村建设有关规定，安排生产经营管理中心及配套生活设施、城乡居民点等各项建设。

生产经营管理中心的主要设施有管理办公用房、生产资料仓库、配电房、道路及停车场、环境与绿化建设、门卫、围墙等安全防护设施以及公用工程、防灾等工程设施。

配套生活设施主要有员工宿舍、食堂和文体娱乐设施。

居民点内，主要是居民住宅，配套文教、医疗等公共设施。

5 选址条件

5.1 原则与依据

5.1.1 依据所在省、地区(或县)的天然橡胶发展规划。

5.1.2 符合该地区的土地利用总体规划。

5.1.3 重视土地自然特点，严格保护生态环境。

5.1.4 交通方便。

5.2 橡胶树种植的自然条件

5.2.1 适宜条件

综合概括为：日照充足，热量丰富，雨量充沛，气温不低，风力不强，地势低平，坡度不大，土壤肥沃，土层深厚，排水良好。

具体指标各省区略有差异，可参考 NY/T 221 以及附录 A 和附录 D 的规定。

5.2.2 不适宜条件

主要有：经常受台风侵袭，橡胶树风害严重的地区；历年橡胶树寒害严重的地区；瘠瘦、干旱的砂土地带等。详见 NY/T 221—2006 中 4.2 条的规定。坡度在 25°～35°地段的选择利用，应执行所在地县级以上人民政府颁布的森林法实施条例(办法、细则)规定。

5.2.3 橡胶宜林地等级划分

以风、寒害作为限制性条件，综合考虑其他自然环境条件和胶园生产力等因素，将橡胶宜林地划分为三级。具体划分详见 NY/T 221—2006 中的 4.3 条。

6 农艺技术与设备

6.1 农艺技术

6.1.1 基地建设工作流程图

基地建设工作流程见图 1。

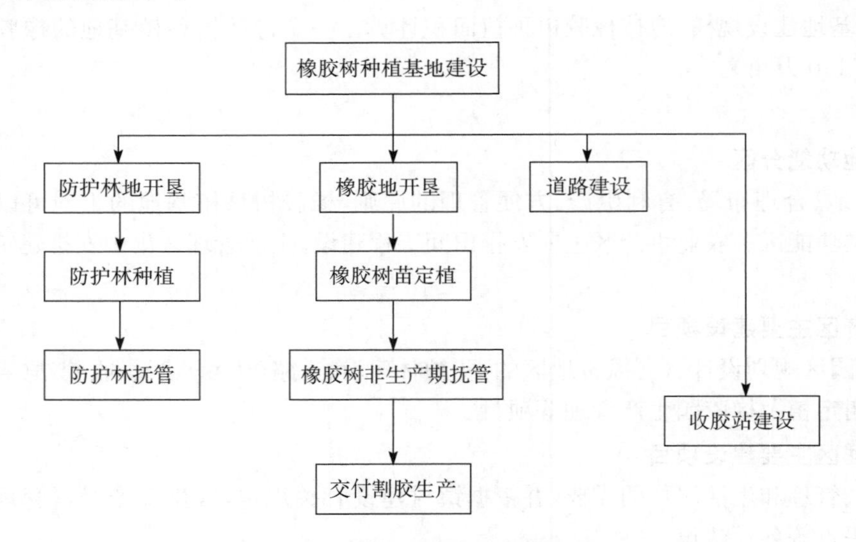

图 1 基地建设工作流程图

6.1.2 建设工作环节主要内容

6.1.2.1 防护林地、橡胶地土地开垦

按防护林种植、橡胶树种植的技术规程要求，做好土地准备，包括荒地开垦或橡胶更新地及其他已利用地的整理、复垦，修筑梯田(环山行)，挖种植穴等橡胶园区工程建设。

6.1.2.2 道路建设

按基地的道路规划设计，修筑干道、林间道和人行道。

6.1.2.3 防护林种植与抚管

包括苗木准备，种植，补换植、除草、松土、施肥以及病虫害防治等。

6.1.2.4 橡胶树定植与抚管

包括苗木准备，定植，橡胶树非生产期间的苗木补换植、修芽、覆盖与间作、除草与控萌、扩穴与维修梯田、压青与施肥、防寒、防旱、防火、防畜兽危害以及风寒害树处理、病虫害防治等。

橡胶树非生产期的时间，一般规定为定植后的 7 年～8 年，丙级宜胶地也不应大于 9 年。

6.2 主要配套设备

6.2.1 生产、运输设备

6.2.1.1 耕作机械设备

新开垦种胶的基地，原则上不配置农业耕作机械(具)，要充分利用社会化服务的农机具组织生产建设。

现有基地更新重建、扩建，应充分利用现有农机具。可根据需要适当增添新机具，提升自用程度和参与社会化服务能力。

6.2.1.2 植保机械设备

应根据当地橡胶树病虫害发生的规律及特点，配备充足、适用的植保机械设备。

6.2.1.3 运输工具

根据基地生产运输的需要配置中小型国产农用汽车。

6.2.2 办公设备

6.2.2.1 配置原则

现有的管理办公室，应继续使用现有设备设施，适当添置新设备。

新设置的管理办公室，在尽可能利用原有设备的情况下，配套充足的设备设施。

6.2.2.2 设备配置

按基地的组织机构设置及管理办公需要，配备相应的设备设施。一般情况可参考 9.3.5 条表 7。

7 基地规划设计与建设要求

7.1 基本要求

7.1.1 应编制基地区的土地利用总体规划，对山、水、园、林、路、居统筹规划设计、合理布局。

7.1.2 依据总体规划编制农业生产区、生活管理区的规划设计，因地制宜地确定各类主要建设项目的用地规模、布局要点和建设要求。

7.1.3 要充分利用土地、节约集约用地，注重生态保护和建设安全稳定的生态格局。

7.1.4 要认真按照规划设计开垦土地、种植和实施其他建设。

7.2 橡胶林段设计

7.2.1 林段规模

橡胶林段面积以 1.7 hm^2～2.8 hm^2 为宜，不应大于 3.3 hm^2。重风害地区宜小一些，风寒害轻、地形平缓地区可适当扩大一些。

7.2.2 林段形状

风害严重地区、地形平缓地区的林段宜采用正方形或长方形。长方形的长、短边比以 1.5～2.0：1 为宜。林段的长边应尽量与地形横坡向一致。其他地区应随地形而定，尽可能采用四边形。

7.2.3 林段界线

橡胶林段界线可以防护林带、行车道路、长久性工程设施或溪沟等天然界线划分。

7.3 防护林建设

7.3.1 基本要求

橡胶种植基地的防护林营造原则、林带种类与设置、树种选择与结构搭配、防护林营造与更新等，应按 NY/T 221—2006 中第 5 章的规定执行。

7.3.2 防护林占地

防护林用地规模因风害程度、地形条件而异。一般情况，防护林用地占橡胶种植面积的 15%～20%。

7.3.3 防护林抚管

防护林幼树抚管期为种植后的 2 年～3 年。管理作业包括除草、松土、施肥，种植当年要及时补种缺株、换植病弱株。

成龄林带的管理作业主要是除草、风后处理，有条件的应适量施肥。严禁在林带内铲草皮。

7.4 道路建设

7.4.1 道路分级与布局

基地的道路分干道、林间道、人行道三级。

应根据主要交通流向、橡胶园生产运输、机械作业要求，结合自然条件及现状道路特点，布设各级道路，保证各橡胶林段都有道路通达。

地形坡度较大，修筑林间道的工程难度较大时，可以修筑人行道。

林间道可以结合利用防护林带或橡胶树的林缘空地布设。

干道宜穿越主要橡胶园区，避免穿过居民点内部。

7.4.2 道路建设要求

干道、林间道的路基、路面等线路设计，可参照 JTG B01 中四级公路规定，交通流量较大的干道，可以参照三级公路规定，并且尽可能使用表 1 的有关指标；人行道宽度 0.8 m～1.2 m，呈直线或之字形。

设置错车道时，宜参照 JTED20 的要求。

桥涵布置的基本要求是安全、适用、经济、与周围环境协调、造型美观。

表 1 道路路基、路面主要建设要求

单位为米

<table>
<tr><th rowspan="2">道路级别</th><th colspan="3">路　基</th><th colspan="2">路　面</th></tr>
<tr><th>宽度</th><th>高度</th><th>材料与要求</th><th>宽度</th><th>材料与要求</th></tr>
<tr><td rowspan="2">干道</td><td>一般值≥7.5</td><td rowspan="2">高出设计洪水频率 1/25 计算水位 0.5</td><td rowspan="2">稳定性好的材料分层压实，压实度≥93%</td><td rowspan="2">3.5～6.0</td><td rowspan="2">水泥混凝土</td></tr>
<tr><td>最小值≥4.5</td></tr>
<tr><td rowspan="2">林间道</td><td>一般值 6.5</td><td rowspan="2">高出地面 0.3</td><td rowspan="2">就地取材；排水不良地段用砾石土</td><td rowspan="2">≥3.5</td><td rowspan="2">因地制宜。砂石材料时，压实度≥93%</td></tr>
<tr><td>最小值≥4.5</td></tr>
<tr><td>人行道</td><td></td><td></td><td></td><td>0.8～1.2</td><td>素土或砼预制块</td></tr>
</table>

7.4.3 生产运输道路密度

基地的干道、林间道的密度因基地用地的外形、集中连片程度、地形地貌条件以及国家各级公（道）路在基地区的分布情况等不同，有一定的差异。

按基地的橡胶种植面积计，生产运输道路密度应控制在 2.5 km/km^2～4.0 km/km^2。

7.5 橡胶园土地开垦

7.5.1 清岜

植胶土地开发（垦）、整理时，无法利用的树根、树枝、竹木杂草等，要清理干净，堆放到林段边缘，不得烧岜。

7.5.2 土地复垦植胶

居民点用地整理、工矿废弃地复垦方式形成的橡胶地，整理或复垦后的土层厚度、土壤质地等，要保证适宜植胶的要求。

7.5.3 修梯田、挖种植穴

7.5.4 条以外的处理地表附着物以及修梯田、挖植胶穴等土地开垦项目建设内容和标准，应按照 NY/T 221—2006 中 7.1 条的有关规定办理。橡胶更新地整理后植胶时，尽量修复利用原有的梯田等水土保持工程。

梯田田坎的修筑应做到安全、省工、就地取材。

环山行外缘不设土坎，根据需要适当设置横隔梯田面的土埂。

7.6 橡胶树定植与抚管

橡胶树的抚育管理（简称胶园抚管）期，指橡胶树定植到开割的非生产期。按植胶区自然条件可略有差异，一般为 7 年～8 年。

橡胶树的定植与抚育管理要求，应按照 NY/T 221—2006 中第 7 章和第 8 章的规定执行。

7.7 病虫害防治及风寒害树处理

应按 NY/T 221—2006 中第 10 章的规定执行。

7.8 收胶站(点)建设

7.8.1 主要建设内容

包括验收胶乳及凝胶块(或杂胶)的收胶房(棚)、胶乳储存罐、凝杂胶存放库(室)、胶桶清洗场等。

7.8.2 收胶站收胶服务范围

收胶站的收胶服务区应与基地橡胶管理基层单位的辖管范围一致。一般 133 hm^2～200 hm^2 植胶面积设置一个收胶站。

7.8.3 收胶站(点)用地规模与布局

一个收胶站(点)的建设用地面积可在 200 m^2 左右。

收胶站(点)用地,尽可能与收胶服务区域的工人交送胶乳方便的居民点用地结合,布局在居民点的下风向和水源的下游,与居民点保持 50 m 以上的卫生间隔;尽可能布置在与交通运输互不干扰的道路旁,用水充足的地方。

7.9 居民点建设要点

7.9.1 居民点配置与建设的基本原则

基地更新橡胶时,应继续利用现有居民点。

新开垦植胶区,尽量利用附近居民点扩建。不能利用现有居民点时,宜按新增植胶面积 200 hm^2～333 hm^2 配置一个居民点。

规模小、布局分散、建设水平不高的现有居民点,应主动接受相关村镇规划安排,实施撤并整合。

7.9.2 居民点建设要求

居民点建设用地规模,可参照 GB 50188,并执行当地政府的有关规定。

居民点建设内容,应符合所在县(市)的镇村建设规划的要求和安排,建成具有地方特色的新农村。

7.10 建筑工程与附属设施

7.10.1 管理办公建筑

根据基地具体情况,按需要配置管理办公建筑。

新建基地的管理办公用房建筑面积按办公人数计,控制在每人 20 m^2～30 m^2。宜采用砖混或框架结构,建低层房屋。

7.10.2 库房

包括各类生产资料仓库、汽车库等,根据基地具体情况,按需要配建。宜采用砖混结构。

7.10.3 收胶站用房

按收胶站服务区的胶乳生产规模配建适当建筑面积,一般每个收胶站用房面积 30 m^2～60 m^2。宜采用砖混结构。

7.10.4 宿舍、食堂

主要为单身员工、季节性工人等提供的生活居住类建筑。食堂的一部分建筑,可兼作文化、娱乐性活动室。宜采用砖混结构。

7.10.5 配电房、办公区大门及值班室等

建筑物宜采用砖混结构。

7.10.6 村镇居民点内的住宅、配套公共设施

执行村镇建设规划设计规定。

7.10.7 建筑防火设计

橡胶树种植基地的建筑防火设计,应符合 GBJ 39 的规定:火灾危险类别为丁级。

耐火等级,管理办公、配套公共建筑、生产及辅助生产建筑、各类库房、生活性建筑等为三级;配电房按具体情况,可二级或三级。

7.10.8 建筑抗震设计

橡胶树种植基地的建筑抗震设计,应符合 JGJ 161 的规定。

7.10.9 主要建筑结构设计使用年限

管理办公、宿舍及食堂等砖混或框架结构建筑,设计使用年限为 50 年。

库房、收胶站用房等轻钢结构的建筑,使用年限为 25 年。

8 环境保护与节能

8.1 水土保持

8.1.1 完善梯田工程建设

应按 6.2.4 条的有关要求,修筑及维修梯田(环山行)、拦(泄)水沟等水土保持工程,减轻水土流失。

8.1.2 合理安排植胶用地

在山岭上、水田边、河流水库边等开垦植胶时,应留有适当规模的空地,植树造林或保护自然植被,维护当地的自然环境。

8.2 农药保管与使用

农药仓库设计应符合国家有关化学品、危险品仓库的设计规范。

严禁使用国家规定禁用的高毒、高残留农药。

8.3 生产污水处理

严禁随意在自然水体中洗刷收胶桶、乳胶储存罐。

冲洗胶桶、乳胶储存罐、收胶站乳胶装运场地的污水应采取有效措施收集其中的乳胶;污水经净化处理后,要达到国家允许的排放标准。

8.4 建筑节能

建筑设计应严格执行国家规定的有关节能设计标准。

9 主要技术经济指标

9.1 劳动定员

9.1.1 人员配备的主要依据

生产人员:按人均抚管的橡胶地面积配备;

生产技术人员、后勤服务人员:按生产人员的一定比例配备;

管理人员:分别以基地、生产管理基层单位(生产队)为单元配备。

基地的土地条件、基础设施配套建设程度等情况不同,生产人员、后勤服务人员的配备指标可以有一定差异。

9.1.2 劳动定员指标

橡胶生产工人:橡胶园地面坡度多在 12°以下时,人/3.3 hm^2～4.0 hm^2;

橡胶园地面坡度多在 12°以上时,人/3.0 hm^2～3.7 hm^2;

橡胶生产技术人员:占生产工人总数的 3%～4%;

管理服务人员:占生产工人总数的 3%～5%;

汽车司机:部/2 人;

生产(队)基层单位负责人:每个单位 2 人;

基地负责人:2～5 人。

9.2 橡胶树开割前胶园建设主要材料消耗

从橡胶园土地开垦、橡胶树苗木定植至橡胶树开割,橡胶园建设的主要生产材料消耗应参照表 2 的控制指标。

表 2 每公顷橡胶地的主要生产消耗

材料名称	单位	消耗指标	材料名称	单位	消耗指标
柴油	kg	68～82	通用化肥	t	2.0～3.2
橡胶苗木	株	500～600	橡胶专用肥	t	4.5～5.0
			优质有机肥	t	40～70

注 1:橡胶苗木中含补换植用苗数。

注 2:化肥中尿素含纯氮、重过磷酸钙含磷、氯化钾含钾分别按 46%、46%、60%计。

9.3 投资估算指标

9.3.1 一般规定

投资估算标准应与当地建设水平相一致。

9.3.2 建设投资控制指标

按建设规模,将基地划分为小型、较小型、中型、较大型 4 种类型。各类型基地建设投资的控制额度,参照表 3。

表 3 橡胶树种植基地建设投资额度表

类别	建设规模 hm^2	总投资指标 万元	项目及其投资额度比例					
			胶园土地准备 %	橡胶树定植与抚管,%	胶园配套工程,%	生产设备设施 %	公用配套设施 %	其他 %
小	667	5 341～6 661	8.2～8.5	69.0～71.7	11.6～13.8	0.6～0.7	2.9～3.5	4.7～4.8
较小	1 333	10 653～13 083	8.4～8.5	70.3～71.9	11.6～14.0	0.6～0.7	2.6～2.7	4.0～4.7
中	2 667	21 171～26 116	8.4～8.6	70.4～72.3	11.7～14.0	0.5～0.7	1.8～1.9	4.8～4.9
较大	4 000	31 609～39 033	8.4～8.6	70.7～72.7	11.8～14.1	0.4～0.5	1.6～1.7	4.7～4.8

注 1:胶园土地准备主要包括土地开垦或土地整理、修梯田(环山行)、挖植胶穴、胶园拦(泄)水沟及维护工程。

注 2:胶园配套工程包括道路、防护林建设。

注 3:生产设备设施主要包括农用汽车、植保机械、生产资料库、收胶站建设。

注 4:公用配套设施主要包括管理办公用房、配电房、办公设备以及办公区的大门、围墙、道路与停车场(位)、绿化、室外水电等。

注 5:其他主要包括建设单位管理费、项目建设前期工作费、农业保险费。

9.3.3 建筑工程建设内容及标准

建筑工程建设内容及标准,应参照表 4 的规定。

表 4 建筑工程建设内容及标准

序号	建设内容	单位	建设规模	单价,元	估算标准	估算内容和标准
1	办公、管理用房	m^2	按管理办公人数计,每人 20 m^2～30 m^2	1 400～1 700	砖混或框架结构,普通地砖地面,外墙涂料,塑钢或铝合金门窗。水电常规配置,分体空调	包括土建、装饰、给排水及消防、照明及弱电、通风及空调、电讯工程等
2	宿舍、食堂	m^2	200～350	1 200～1 500	砖混结构,普通地砖地面,内外墙涂料,塑钢或铝合金门窗	包括土建、装饰、给排水及消防、通风、弱电工程等
3	汽车库	m^2	80～150	800～1 200	砖混或轻钢结构	
4	生产资料仓库	m^2	100～300	800～1 200		
5	收胶站	m^2/个	30～60			
6	道路及停车场(位)	m^2	按规划设计	120～150	混凝土层面,厚 18 cm～22 cm	包括土方填挖、垫层、结构层、面层、绿化等

表 4（续）

序号	建设内容	单位	建设规模	单价，元	估算标准	估算内容和标准
7	配电房	m^2	20～40	2 500～3 200	砖混结构	包括土建、供变压器等配电设备、室外安全防护设施
8	办公室外给排水、电力设施	项	1	250 000～300 000	镀锌钢管、PVC 管、铸铁排水管、电力线	包括土方填挖、垫层、电杆、管线敷设等
9	办公区绿化	m^2	占办公区总用地45%左右	50～80		包括用地整理、改土施肥、绿化材料购置、绿地种植及设施安装等
10	办公区大门及值班室	套	1	100 000～150 000	铁栏栅或钢板推拉门。值班室砖混结构	含门柱、灯具；土建、装饰、给排水、电气照明等
11	办公区围墙(围栏)	m	按规划设计	500～700	高度 1.5 m～2.0 m	包括基础、墙体(或栅栏)

9.3.4 胶园(田间)工程建设内容及标准

胶园(田间)工程主要建设内容及标准应符合表 5 的规定。

表 5 胶园工程建设内容及标准

序号	建设内容	单位	数量	单价，元	建设标准	估算内容
一、营造防护林						
1	防护林带土地开垦、植树与当年抚管	hm^2	占胶园面积15%～20%	6 800～7 800	平缓地全垦，二犁二耙；丘陵地带垦或穴垦。株行距 1 m×2 m；植穴规格 40 cm×40 cm×30 cm。植苗后，穴内回满表土并压实，防止荒芜	包括砍岜、清岜、犁地、耕地、挖种植穴。包括挖植穴、种树、除草、施肥等用工，苗木，化肥购置费等
2	第二年抚管	hm^2	占胶园面积 20%左右	3 750～4 500	除草 2 次～3 次，结合除草适当施化肥	包括除草、施肥用工和肥料费等
二、修建道路						
1	干道	km	按规划设计	500 000～550 000	路面混凝土层厚度 200 mm～220 mm	包括土方填挖、垫层、结构层、面层和排水沟等
2	林间道			20 000～30 000	路面材料为素土/砂石、砂石面层厚 100 mm～150 mm	
3	桥涵	m^2				
三、胶园开垦						
1	地表附着物处理	hm^2	占植胶地面积比：新开荒胶园为110%；更新胶园100%	开荒地：2 100～2 520 更新地：1 140～1 370	竹木杂树茬高不大于10 cm，严格按规定处理带病树根	包括砍岜、清岜、带病树根防治
2	修梯田、挖植胶穴	hm^2	同植胶面积	开荒地：5 620～6 740 更新地：5 050～6 060	按 6.2.4 条的规定修梯田或环山行，尽可能机械作业，人工作业配合	包括挖、填、平整等土方工程；筑田埂或隔水埂等土、石方工程
3	挖拦泄水沟	m	按规划设计	20～30	明沟，沟宽、深均0.4 m～0.6 m，沟底或壁局部毛石或混凝土板衬砌	包括挖沟的土方，局部沟埂填土及夯实，毛石或混凝土板衬砌
4	围栏	m	因畜、兽害设置	100～160	高 1.5 m～2.0 m	包括基础、木栅栏等

表 5（续）

序号	建设内容	单位	数量	单价，元	建设标准	估算内容
5	种刺树带	m	因畜、兽害设置	8～10	密植 2 行～3 行刺树	包括种苗、种植及管理用工
6	挖防牛（兽）沟	m	因畜、兽害设置	25～30	沟面宽 2.5 m，沟底宽 1.0 m，深 1.5 m，一侧筑埂	土方挖掘、筑土埂
四、橡胶树定植与抚管						
1	定植及当年抚管	hm^2	同植胶面积	12 600～15 400	底肥与表土均匀混合后回填穴，分层回填土并压实，淋足定根水及盖草保湿，种覆盖植物	包括定植及补换植材料费，施有机肥及化肥、回填土、淋水、盖草、抹除砧木芽、犁地及种复盖等
2	第 2 年～第 7（或 8）年的每年抚管	hm^2	同植胶面积	7 500～9 000	铺死覆盖的厚度 15 cm～20 cm，活覆盖种植当年要及时除草，胶树施有机肥及压青 1 次～2 次。补换植苗木一定要同原定植品种并略大于幼树植株，及时修枝抹芽	包括补换植、施肥、铺设死覆盖、犁地与种覆盖、间种、修枝抹芽等各项用工、机耕费、苗木费、肥料费等

9.3.5 农机具配置

9.3.5.1 配置原则

主要配置社会化服务能力较弱但自用性较强的植保机械、运输工具。

9.3.5.2 配置数量

基地建设规模及其地域自然、环境条件不同，农机具需用量也不一样。一般情况可参考表 6。

表 6 农机具配置

序号	项目名称	单位	数量	一般要求	单价，元	说明
1	农用汽车	台	2～4	中小型车	70 000～100 000	
2	植保机械					
2-1	烟雾机	台	按 60 hm^2 橡胶配 1 台计		2 500～3 500	防治炭疽病、白粉病
2-2	背负式喷粉机	台	按 47 hm^2 橡胶配 1 台计		2 000～2 500	防治白粉病

9.3.6 办公管理设备设施配置

办公设备配置内容与标准，应参照表 7。

表 7 办公设备设施配备表

序号	项目名称	单位	数量	一般要求	单价，元	说明
1	办公桌椅	套		适用、方便	300～450	按各管理部门（单位）设定岗位配备，每岗 1 套
2	多媒体设备、打印设备	套	1	先进、适用、方便	30 000～40 000	电脑 1 台、投影设备 1 套、打印设备等
3	台式电脑	台			6 000～8 000	基地主要管理部门各配 1 台
4	数码相机	台			4 000～5 500	基地生产技术、档案管理部门配置 1 台
5	文件、档案柜	个		方便、安全、适用	1 500～2 500	各管理部门、基层生产单位按需要配置

附 录 A
(资料性附录)
橡胶树农业气象灾害区划指标

A.1 橡胶树风害区划指标见表A.1。

表A.1 风害区划指标

风害区	≥10级风出现几率(%)
	海 南
无风害区	0
轻风害区	0.1~5.0
中风害区	5.1~10.00
重风害区	>10
注:广东可参照海南。	

A.2 橡胶树寒害区划指标见表A.2。

表A.2 寒害区划指标

寒害区	极端最低气温多年平均值,℃		极端最低气温出现几率,%				日平均气温≤10℃阴(雨)天数≥20 d出现几率,%	
			≤0℃		≤3.0℃			
	海 南	云 南	海 南	云 南	海 南	云 南	海 南	云 南
基本无寒害区	>8.0	>7.0	0	0	0		0	0
轻寒害区	5.1~8.0	4.1~7.0	0	0.1~3.0	5		0	0.1~5.0
中寒害区	3.0~5.0	2.6~4.0	3.0~10.0	3.1~10.0	30		0.1~10.0	5.1~10.0
重寒害区	<3.0	≤2.5	>10.0	3.1~10.0	~		>10.0	5.1~10.0
注:广东可参照海南。								

A.3 橡胶树栽培气候生产潜力指标

水分、气温为主要指标,风速为辅助指标。见表A.3。

表A.3 橡胶树栽培气候生产潜力指标

气候因子		潜力区			
		Ⅰ级区	Ⅱ级区	Ⅲ级区	Ⅳ级区
年降雨量 mm	海南	>2 000	1 501~2 000	1 200~1 500	<1 200
	云南	>1 200		1 000~1 200	<1 000
	广东	>1 500	1 200~1 500	<1 200	
年降雨日 d	海南	>150	130~150	110~129	<110
	云南				
	广东	>140	120~140	<120	
日均温≥18℃连续日数 d	海南	365	310	250	<250
	云南				
	广东	>270	>240	>210	

表 A.3（续）

气候因子		潜力区			
		Ⅰ级区	Ⅱ级区	Ⅲ级区	Ⅳ级区
年平均气温 ℃	海南	＞24	23～24	21～22	＜21
	云南	＞21	20～21	19～20	＜19
	广东	＞23	22～23	＜22	
年平均风速 m/s	海南	＜1.0	1.1～1.9	2.0～2.9	＞2.9
	云南				
	广东	＜2.0	2.0～3.0	＞3.0	

注 1:表中各项气候因子均为多年平均值。

注 2:水分、温度不属同级时，按下者定级；水分、温度在同一级，风速在另一级时，按水分、温度的级别。

附 录 B
(规范性附录)
道路建设技术指标(部分)

B.1 道路设计速度

B.1.1 干道设计速度宜采用 40 km/h,地质等自然条件复杂路段可采用 30 km/h。

B.1.2 林间道的设计速度采用 20 km/h～30 km/h。地形、地质条件较好,交通量较大的路段,宜采用上限。

B.2 较长的干级道路,可以分路段选择不同的道路等级。同一道路等级,可以分路段选择不同的设计速度。

B.3 道路平面设计的有关指标(部分)见表 B.1 和表 B.2。

表 B.1 停、超车视距及圆、平曲线指标表

设计速度 km/h	停车视距 m	指　标					
		超车视距 m		圆曲线最小半径 m		平曲线最小长度 m	
		一般	最小值	一般	极限	一般	最小值
60	75	350	250	200	125	300	100
40	40	200	150	100	60	200	70
30	30	150	100	65	30	150	50
20	20	100	70	30	15	100	40

表 B.2 道路纵坡指标

设计速度 km/h	最大纵坡 %	最小纵坡 %
60	6	0.3
40	7	
30	8	
20	9	
注:地形较陡的山区设计速度 40 km/h 以下者,经技术论证,最大纵坡可增加 1%。		

附　录　C
（资料性附录）
大田橡胶树施肥参考量

肥料种类	施肥量，kg/（株·年）			说　明
	1龄～2龄幼树	3龄至开割前幼树	开割树	
优质有机肥	>10	>15	>25	以腐烂垫栏肥计
尿素	0.23～0.55	0.46～0.68	0.68～0.91	
过磷酸钙	0.3～0.5	0.2～0.3	0.4～0.5	
氯化钾	0.05～0.1	0.05～0.1	0.2～0.3	缺钾或重寒害地区用
硫酸镁	0.08～0.16	0.1～0.15	0.15～0.2	缺镁地区用

注1：施用其他化肥时，按表列品种肥分含量折算。

注2：最适施肥量应通过营养诊断确定。

注3：有拮抗作用的化肥应分别使用。

附 录 D
(规范性附录)
橡胶树风、寒害分级标准

D.1 橡胶树风害分级标准见表 D.1。

表 D.1 橡胶树风害分级标准

级别	类别	
	未分枝幼树	已分枝胶树
0	不受害	不受害
1	叶子破损,断茎不到 1/3	叶子破损,小枝折断条数少于 1/3 或树冠叶量损失<1/3
2	断茎 1/3～2/3	主枝折断条数 1/3～2/3 或树冠叶量损失>1/3～2/3
3	断茎 2/3 以上,但留有接穗	主枝折断条数多于 2/3 或树冠叶量损失>2/3
4	接穗劈裂,无法重萌	全部主枝折断或一条主枝劈裂,或主干 2 m 以上折断
5		主干 2 m 以下折断
6		接穗全部断损
倾斜		主干倾斜<30°
半倒		主干倾斜超过 30°～45°
倒伏		主干倾斜超过 45°
注:断倒株数=4 级株数+5 级株数+6 级株数+倒伏株数。		

D.2 橡胶树寒害分级标准见表 D.2。

表 D.2 橡胶树寒害分级标准

级别	类别			
	未分枝幼树	已分枝幼树	主干树皮	茎基树皮
0	不受害	不受害	不受害	不受害
1	茎干枯不到 1/3	树冠干枯不到 1/3	坏死宽度<5 cm	坏死宽度<5 cm
2	茎干枯 1/3～2/3	树冠干枯 1/3～2/3	坏死宽度占全树周 2/6	坏死宽度占全树周 2/6
3	茎干枯 2/3 以上,但接穗尚活	树冠干枯 2/3 以上	坏死宽度占全树周 3/6	坏死宽度占全树周 3/6
4	接穗全部枯死	树冠全部干枯,主干干枯至 1 m 以上	坏死宽度占全树周 4/6 或虽超过 4/6 但在离地 1 m 以上	坏死宽度占全树周 4/6
5		主干干枯至 1 m 以下	离地 1 m 以上坏死宽度占全树周 5/6	坏死宽度占全树周 5/6
6		接穗全部枯死	离地 1 m 以下坏死宽度占全树周 5/6 以上直至环枯	坏死宽度占全树周 5/6 以上直至环枯
注:茎基指芽接树结合线以上 15 cm,实生树地面以上 30 cm 的茎部。芽接树砧木受害另行登记,不列入茎基树皮寒害。				

ICS 65.020.01
B 90

中华人民共和国农业行业标准

NY/T 2168—2012

草原防火物资储备库建设标准

Construction criterion for grassland fire prevention materials warehouse

2012-06-06 发布　　　　2012-09-01 实施

中华人民共和国农业部　发布

目　次

前　言

本标准按照 GB/T 1.1—2009 给出的规则起草。

本标准由中华人民共和国农业部发展计划司提出。

本标准由全国畜牧业标准化技术委员会(SAC/TC 274)归口。

本标准起草单位:农业部规划设计研究院、农业部草原监理中心。

本标准主要起草人:邓先德、齐飞、宋中山、陈东、刘春林、简保权、黄明亮、王立韬、李云辉、班丽萍、杨茁萌、刘春来、耿如林、张秋生、杜孝明、曹干、朱燕玲、李贵霖、朱永平、任榆田、陈曦、特日功、卢占江、王贵卿、杨惠清、景福军、曾正刚、黄维浦。

草原防火物资储备库建设标准

1 范围

本标准规定了草原防火物资储备库建设选址、建设规模与项目构成、规划布局、建筑与结构、配套工程、储备物资装备及主要技术经济指标。

本标准适用于省、市、县级草原防火物资储备库(站)新建项目,改建或扩建项目可参照。

2 规范性引用文件

下列文件对本文件的应用是必不可少的。凡是注日期的引用文件,仅注日期的版本适用于本文件。凡是不注日期的引用文件,其最新版本(包括所有的修改单)适用于本文件。

GB 50016—2006 建筑设计防火规范
GB 50034—2004 建筑照明设计标准
GB 50057—2010 建筑物防雷设计规范
GB 50068—2001 建筑结构可靠度设计统一标准
GB 50189 公共建筑节能设计标准
GB 50223—2008 建筑工程抗震设防分类标准
GB 50352—2005 民用建筑通则

3 术语和定义

下列术语和定义适用于本文件。

3.1

草原防火物资储备库 grassland fire prevention materials warehouse

指用于储存草原防火应急物资、仪器设备的库房。

3.2

晾晒场 dry field

指用于晾晒防火物资的场地。

3.3

停车场 parking lot

指用于停放货车、应急调度车和物资转运车等车辆的场地。

3.4

建筑容积率 building floor area ratio

在一定范围内,建筑面积总和与用地面积的比值。

3.5

建筑密度 building density

在一定范围内,建筑的基地面积占用地面积的百分比。

4 建设选址

4.1 具有可靠的水、电、通讯等外部协作条件。

4.2 工程、水文地质条件良好。

4.3　避免洪水、潮水和内涝威胁，场地防洪标准应不低于50年一遇。

4.4　远离污染源及易燃易爆场所。

4.5　应设在所辖草原适中位置，或距离项目建设所在地草原行政管理部门或监理部门住所较近，交通便利，以便于库房管理和指挥调度。

4.6　储备库位于城区的，应符合当地城市规划要求，其建筑风格宜与周边建筑相协调。

4.7　避开历史古迹区。

5　建设规模与项目构成

5.1　草原防火物资储备库分为Ⅰ类库、Ⅱ类库和Ⅲ类库。

a)　Ⅰ类库是指极高火险市草原防火物资储备库；

b)　Ⅱ类库是指高火险市草原防火物资储备库和极高火险县草原防火物资储备站；

c)　Ⅲ类库是指高火险县草原防火物资储备站。

5.2　草原防火物资储备库建设由房屋建筑和场地等构成。

a)　房屋建筑应包括功能用房和辅助用房两部分。

1)　功能用房是指草原防火物资和车辆储备用房；

2)　辅助用房是指管理用房、生活用房和附属用房。管理用房包括办公室、档案室等；生活用房为值班宿舍；附属用房主要为锅炉房、修理室、门卫室以及寒冷地区防火专用车车库等。

b)　场地主要包括停车场、场区道路、晒场和人员集散地、绿化用地等。

6　规划与布局要求

6.1　规划原则

功能分区明确，布局紧凑合理。

6.2　规划面积

草原防火物资储备库建筑面积应按表1控制。

表1　各类草原防火物资储备库建筑面积控制指标　　单位为平方米

库种类	功能用房		辅助用房			合计
	物资库	专用车库	管理用房	生活用房	附属用房	
Ⅰ类库	600～800	200～230	50～100	50～100	50～100	950～1 330
Ⅱ类库	400～600	140～150	20～30	20～30	20～30	600～840
Ⅲ类库	200～400	50～70	15	15	15	295～515

6.3　布局要求

a)　交通便利，物资流向合理；

b)　储备库大门应方便通往草原的主要道路；

c)　储备库宜根据功能分为仓储区、办公区和生活区等。应依据防火要求，合理布局。

7　建筑与结构

7.1　储备库(站)宜采用单层建筑。合并建设时，库房须位于首层。净高不低于4.0 m且不超过6.0 m，货车直接入库的库门净高不低于4.5 m，净宽不小于4.0 m。地坪荷载为20 kN/m²，室内地坪应做防潮层。

7.2　储备库的结构形式宜采用砖混结构或钢筋混凝土结构。

7.3　储备库的建筑耐火等级应符合GB 50016—2006中3.2规定的二级耐火等级。

7.4 储备库主要用房的抗震设防类别应符合 GB 50223—2008 的 3.0.2 中丙类设防要求。

7.5 储备库内装修应采用防火、节能、环保型装修材料；外装修宜采用不易老化、阻燃型的装修材料。

7.6 管理和生活用房建设参照 GB 50352—2005 中第 6 章的要求。

7.7 储备库的建筑容积率不宜超过 0.6，建筑密度不宜超过 45%。

7.8 结构设计使用年限应符合 GB 50068—2001 的 1.0.5 中 3 类别 50 年。

8 配套工程

8.1 草原防火物资储备库应设置必要的给排水、消防、报警和防盗设施。

8.2 位于采暖地区的草原防火物资储备库，其管理和生活用房等应按国家有关规定设置采暖设施，宜采用城市集中供暖。管理和生活用房等节能设计应按照 GB 50189 或地方颁布的公共建筑节能设计标准执行。

8.3 储备库应具备良好的通风条件，宜采用自然通风。必要时，可增设机械通风设施。

8.4 储备库电力负荷为三级，照明光源宜采用节能灯或自然光。人工照明可参照 GB 50034—2004 中 5.4 的规定。

8.5 储备库主要用房的防雷设计应符合 GB 50057—2010 中第三类防雷建筑的要求。

8.6 库区内宜设晾晒场、物资配送车辆停车场等。

8.7 停车场与道路的建设应确保物资调运畅通。

8.8 库区绿化率不宜小于 30%。

9 基本装备及储备物资

9.1 基本装备

a） 各类储备库在建设过程中应本着节约高效的原则，依据实际需要，配备相应基本装备。

b） 储备库的基本装备包括装卸、技术防护、信息化管理、通讯、物资维护和必要的交通工具等。

1） 装卸设备包括手动推车、托盘、货架等；

2） 技术防护设备包括监控设备、自动报警装置等；

3） 物资保管维护设备包括清洗设备、消毒设备、缝补设备、维修设备等；

4） 通讯设备包括 GIS 数据采集器、GPS、移动电话、对讲系统、海事卫星电话等；

5） 交通工具包括应急调动车、储备物资转运车等。

9.2 储备物资

草原防火物资储备库储备物资由灭火机具、安全防护设备、野外生存器具、通讯指挥器材和防火车辆等物资组成。各种主要物资的储备量参照表 2 执行。必要时，根据需要可适时、适度增加或更新机具、装备和器材。

表 2 草原防火物资储备库主要储备物资参考表

物资项目	物资名称	单位	Ⅲ类库储备量	Ⅱ类库储备量	Ⅰ类库储备量	建议储备年限
灭火机具类	风力灭火机	台	100～200	200～400	≥400	
	灭火水枪(桶式)	支	≤30	30～100	≥100	
	三号灭火工具	个	≤30	30～100	≥100	
	消防铲	把	≤100	100～200	≥200	
安全防护设备类	防火服	套	100～200	200～400	≥400	
	防火罩	套	100～200	200～400	≥400	
	三防靴	双	100～200	200～400	≥400	

表 2 (续)

物资项目	物资名称	单位	Ⅲ类库储备量	Ⅱ类库储备量	Ⅰ类库储备量	建议储备年限
野外生存器具类	便携帐篷	顶	30~50	50~100	≥100	
	防潮型睡袋	条	30~50	50~100	≥100	
通讯指挥器材类	手持式对讲机	部	≤4	≤6	≤8	
	卫星电话	部	≤2	≤3	≤4	
	车载电台	部	≤1	≤1	≤2	
防火车辆类	火情巡察车	辆	≤1	≤1	≤1	
	运兵车	辆	≤1	≤1	≤1	
	其他火情专用车	辆	≤1	≤1	≤1	
其他类	发电机	台	≤1	≤2	≤2	

10 主要技术经济指标

10.1 根据建设规模,其建设总投资和分项工程建设投资应符合表 3 的规定。

表 3 草原防火物资储备库建设投资控制额度表

单位为万元

项目名称	建设类型		
	Ⅲ类库	Ⅱ类库	Ⅰ类库
功能用房	50.00~93.00	110.00~150.00	160.00~206.00
辅助用房	5.00~6.00	8.00~15.00	18.00~34.00
基本装备	65.00~70.00	110.00~115.00	95.00~100.00
配套工程	10.00~11.00	12.00~20.00	17.00~25.00
总投资指标	130.00~190.00	240.00~290.00	290.00~365.00
注:各项目投资是依据 2011 年工程造价、建筑材料及设备市场价格计算确定。以后,可依据工程定额及设备市场价格涨幅比例参考表中投资控制额确定。			

10.2 库区场地(占地)面积及建筑面积指标应符合表 4 的规定。

表 4 库区场地(占地)面积及建筑面积指标

单位为平方米

项目名称	建设类型		
	Ⅲ类库	Ⅱ类库	Ⅰ类库
功能用房建筑面积	250~470	540~750	800~1 030
辅助用房建筑面积	≤45	60~90	150~300
总建筑面积	295~515	600~840	950~1 330
场地(占地)面积	1 000~1 400	1 500~2 200	2 500~3 400

ICS 65.040.10
P 35

中华人民共和国农业行业标准

NY/T 2169—2012

种羊场建设标准

Construction criterion for stud farm of sheep or goat

2012-06-06 发布 2012-09-01 实施

中华人民共和国农业部 发布

前　言

本标准按照 GB/T 1.1—2009 给出的规则起草。

本标准由中华人民共和国农业部计划司提出。

本标准由全国畜牧业标准化技术委员会(SAC/TC 274)归口。

本标准起草单位:农业部规划设计研究院、中国农业科学院北京畜牧兽医研究所。

本标准主要起草人:耿如林、张庆东、陈林、邹永杰、浦亚斌、韩雪松、魏晓明。

种羊场建设标准

1 范围

本标准规定了种羊场的场址选择、场区布局、建设规模和项目构成、工艺和设备、建筑和结构、配套工程、粪污无害化处理、防疫设施和主要技术经济指标。

本标准适用于农区、半农半牧区舍饲半舍饲模式下，种母羊存栏300只～3 000只的新建、改建及扩建种羊场（包括绵羊场和山羊场）；牧区及其他类型羊场建设亦可参照执行。

2 规范性引用文件

下列文件对本文件的应用是必不可少的。凡是注日期的引用文件，仅注日期的版本适用于本文件。凡是不注日期的引用文件，其最新版本（包括所有的修改单）适用于本文件。

GBJ 52 工业与民用供电系统设计规范

GB 50011 建筑抗震设计规范

GB 50016 建筑设计防火规范

GB 16548 病害动物和病害动物产品生物安全处理规程

HJ/T 81 畜禽养殖业污染防治技术规范

NY/T 682 畜禽场场区设计技术规范

NY/T 1168 畜禽粪便无害化处理技术规范

NY 5027 无公害食品 畜禽饮用水水质标准

3 术语和定义

下列术语和定义适用于本文件。

3.1

种公羊 stud ram or stud buck

符合品种标准，具有种用价值并参加配种的公羊。

3.2

种母羊 breed ewe or breed doe

符合品种标准，体重已达成年母羊70%以上并能够参加配种的母羊。

3.3

后备种羊 replacement breeding sheep or goat

符合品种标准，被选留种后尚未参加配种的公羊或母羊。

4 场址选择

4.1 场址选择应符合国家相关法律法规、当地土地利用规划和村镇建设规划。

4.2 场址选择应满足建设工程需要的水文地质和工程地质条件。

4.3 场址选择应符合动物防疫条件，地势高燥、背风、向阳，交通便利。

4.4 场址距离居民点、公路、铁路等主要交通干线1 000 m以上，距离其他畜牧场、畜产品加工厂、大型工厂等3 000 m以上。

4.5 场址位置应选在最近居民点常年主导风向的下风向处或侧风向处。

4.6 场址应水源充足、排水畅通、供电可靠，具备就地消纳粪污的土地。

4.7 以下地段或地区严禁建设种羊场：

——自然保护区、水源保护区、风景旅游区；

——受洪水或山洪威胁及泥石流、滑坡等自然灾害多发地带；

——污染严重的地区。

5 场区布局

5.1 种羊场分区

5.1.1 生活管理区

一般应位于场区全年主导风向的上风向或侧风向处。

5.1.2 辅助生产区

一般与生活管理区并列或布置在生活管理区与生产区之间。

5.1.3 生产区

与其他区之间应用围墙或绿化隔离带分开，生产建筑与其他建筑间距应大于 50 m。生产区入口应设置人员消毒间和车辆消毒设施。

5.1.3.1 羊舍朝向应兼顾通风与采光，羊舍纵向轴线应与常年主导风向呈 30°～60°角。

5.1.3.2 两排羊舍前后间距宜为 12.0 m～15.0 m，左右间距应宜为 8.0 m～12.0 m，由上风向到下风向各类羊舍的顺序为种公羊舍、种母羊舍、分娩羊舍、后备羊舍、断奶羔羊舍和育成羊舍。

5.1.3.3 运动场一般设在羊舍南侧，运动场四周设排水沟。

5.1.4 隔离区

应处于场区全年主导风向的下风向处和场区地势最低处，用围墙或绿化带与生产区隔离。隔离区与生产区通过污道连接。

5.2 场区绿化选择适合当地生长、对人畜无害的花草树木，绿化覆盖率不低于 25%。

5.3 种羊场与外界应有专用道路相连。场区道路应分净道和污道，两者应避免交叉与混用。

5.4 种羊场主要干道宽度宜为 4.0 m～5.0 m，一般道路宽度宜为 2.5 m～3.0 m，路面应硬化。

6 建设规模和项目构成

6.1 种羊场的建设规模以存栏种母羊只数表示，种羊场的羊群结构应参考表 1 的规定。

表 1 种羊场建设规模

单位为只

类 型	存栏数量			
种母羊	300～500	500～1 000	1 000～2 000	2 000～3 000
种公羊	6～10	10～20	20～40	40～60
后备母羊	60～100	100～200	200～400	400～600
后备公羊	2～3	3～5	5～10	10～15

6.2 种羊场建设项目包括生产设施、公用配套及管理设施、防疫设施和无害化处理设施等，建设内容见表 2。具体工程可根据工艺设计、饲养规模及实际需要建设。

表 2 种羊场建设项目构成

建设项目	生产设施	公用配套及管理设施	防疫设施	无害化处理设施
建设内容	种公羊舍、种母羊舍、分娩羊舍、后备羊舍、断奶羔羊舍、育成羊舍、运动场、装卸台、人工授精室、兽医室、性能测定舍、剪毛间、饲料加工间、干草棚、青贮池、地磅房、挤奶间[a]	围墙、大门、门卫、宿舍、办公室、食堂餐厅、锅炉房、变配电室、消防水池、水泵房、卫生间、水井、场区道路	（淋浴）消毒间、消毒池、药浴池、隔离羊舍	发酵间、污水处理设施、安全填埋井
[a] 挤奶间为种奶山羊场特有。				

7 工艺和设备

7.1 种羊场宜采用人工授精技术、全混日粮饲喂技术和阶段饲养、分群饲养工艺。

7.1.1 根据种用要求，选择种用性能优秀、无亲缘关系的公母羊进行配种。种公羊饲养量需满足品种或品系的要求。

7.1.2 大种羊场宜使用固定式饲料搅拌设备，制作全混日粮。

7.1.3 种公羊宜采用单栏饲养或小群饲养工艺；每群饲养量应少于 20 只。

7.1.4 种母羊应分群饲养，每群饲养量应少于 50 只。种母羊分娩后 3 d 内宜单栏哺乳羔羊。

7.2 种羊场主要设备包括围栏、喂料、饮水、通风、降温及采暖、清洗消毒、兽医防疫、人工授精、饲料加工、清粪等设备，设备选型应技术先进、经济实用、性能可靠。

7.2.1 种公羊围栏高度 1.2 m～1.5 m；种母羊围栏高度 1.0 m～1.2 m；其他羊围栏高度 0.8 m～1.0 m。

7.2.2 种羊场应配套青贮饲料粉碎机、装载机、固定式饲料搅拌设备、精饲料粉碎机等饲料加工设备。

8 建筑和结构

8.1 北方地区羊舍建筑形式可采用半开敞式或有窗式；南方地区可采用开敞式、高床式或楼式羊舍。

8.2 羊舍可采用双列式或单列式布局，饲喂走道宜设置在羊舍中间或北侧。

8.3 羊舍檐口建筑高度宜大于 2.4 m，舍内地面标高应高于舍外运动场 0.2 m～0.5 m，并与场区道路标高相协调。种羊进出羊舍及运动场之间设门，宽度宜为 1.5 m～2.4 m。

8.4 羊舍地面应硬化，要求防滑、耐腐蚀、便于清扫，坡度控制在 2%～5%。北方地区舍内地面宜采用砖地面或三合土地面；南方地区可采用漏缝地面。

8.5 羊舍屋面可为拱形、单坡或双坡屋面；根据种羊场所在区域气候特点，羊舍屋面应相应采取保温、隔热措施。

8.6 羊舍墙体要求保温隔热，内墙面应平整光滑、便于清洗消毒。

8.7 种羊场建筑执行下列防火等级：

——生产建筑、公用配套及管理建筑不低于三级耐火等级；

——生产建筑与周边建筑的防火间距可参考 GB 50016 戊类厂房的相关规范执行。

8.8 根据现场条件，羊舍结构可采用砖混结构、轻钢结构或砖木结构。

8.9 羊舍抗震设防类别宜按丁类建设设计，其他建筑应按照 GB 50011 的规定执行。

8.10 各类羊只所需面积应符合表 3 的规定。

表 3　各类羊只所需面积

单位为平方米每只

类　别		羊舍面积	运动场面积
种公羊	单栏	4.0～6.0	8.0～12.0
	群饲	1.5～2.0	5.0～8.0
基础母羊		1.0～1.5	3.5～4.5
妊娠及分娩母羊		2.0～2.5	4.0～5.0
后备公羊		1.0～1.5	2.5～3.0
后备母羊		0.8～1.0	2.0～2.5
断奶羔羊		0.5～0.8	1.0～1.5
育成羊		0.8～1.0	1.5～2.0

9　配套工程

9.1　给水和排水

9.1.1　种羊场用水水质应符合 NY 5027 的规定。

9.1.2　管理建筑的给水、排水按工业与民用建筑有关规定执行。

9.1.3　排水应采用雨污分流制；雨水采用明沟排放；污水应采用暗管排入污水处理设施。

9.2　供暖和通风

9.2.1　羊舍应因地制宜设置夏季降温和冬季供暖或保温设施。冬季分娩羊舍、断奶羔羊舍内最低温度不宜低于 10℃，其他类型羊舍内最低温度不宜低于 5℃。

9.2.2　羊舍宜采用自然通风，辅以机械通风。

9.3　供电

9.3.1　种羊场用电负荷等级为三级负荷。种羊场设变配电室，并根据当地供电情况设置自备电源。

9.3.2　羊舍以自然采光为主、人工照明为辅，光源应采用节能灯。供电系统设计应符合 GBJ 52 的规定。

10　粪污无害化处理

10.1　种羊场的粪污处理设施应与生产设施同步设计、同时施工、同时投产使用，其处理能力和处理效率应与生产规模相匹配。

10.2　种羊场宜采用堆肥发酵方式对粪污进行无害化处理，处理结果应符合 NY/T 1168 的要求。

11　防疫设施

11.1　种羊场四周应建围墙，并有绿化隔离带。场区大门入口处设消毒池，生产区入口处设人员消毒间及饲料接收间，场外饲料车严禁驶入生产区。

11.2　种羊场应建设安全填埋井，非传染性病死羊尸体、胎盘、死胎等的处理与处置应符合 HJ/T 81 的规定。传染性病死羊尸体及器官组织等处理按 GB 16548 的规定执行。

11.3　种羊场分期建设时，各期工程应形成独立的生产区域，各区间设置隔离沟、障及有效的防疫措施。

12　主要技术经济指标

12.1　种羊场建设总投资和分项工程建设投资应参考表 4 的规定。

表 4　种羊场建设投资控制额度表

项目名称	种母羊存栏量，只			
	300～500	500～1 000	1 000～2 000	2 000～3 000
总投资指标，万元	225～310	310～545	545～910	910～1 400
生产设施，万元	135～200	200～370	370～660	660～1 075
公用配套及管理设施，万元	70～84	84～143	143～210	210～270
防疫设施，万元	14～18	18～22	22～25	25～35
粪污无害化处理设施，万元	6～8	8～10	10～15	15～20

12.2　种羊场占地面积及建筑面积指标应参考表 5 的规定。

表 5　种羊场占地面积及建筑面积指标

项目名称	种母羊存栏量，只			
	300～500	500～1 000	1 000～2 000	2 000～3 000
占地面积，hm^2	1.5～2.0	2.0～3.5	3.5～6.0	6.0～9.5
总建筑面积，m^2	2 100～3 200	3 200～6 100	6 100～10 900	10 900～16 800
生产建筑面积，m^2	1 800～2 800	2 800～5 500	5 500～10 200	10 200～15 600
其他建筑面积，m^2	300～400	400～600	600～700	700～1 200

12.3　种羊场劳动定员应参考表 6 的规定。条件较好、管理水平较高的地区，应尽量减少劳动定额。生产人员应进行上岗培训。

表 6　种羊场劳动定额

项目名称	种母羊存栏量，只			
	300～500	500～1 000	1 000～2 000	2 000～3 000
劳动定员，人	6～10	10～15	15～25	25～30
劳动生产率，只/人	50～60	60～70	70～80	80～100

12.4　种羊场生产消耗定额平均至每只种母羊，每年消耗指标应参考表 7 的规定。

表 7　种羊场生产消耗指标

项目名称	消耗指标
用水量，m^3	3～4
用电量，kWh	50～100
精饲料用量，kg	150～200
干草用量，kg	500～600
青贮饲料用量，kg	700～850

ICS 65.040.01
P 35

中华人民共和国农业行业标准

NY/T 2170—2012

水产良种场建设标准

Construction criterion for multiplication center

2012-06-06 发布　　　　2012-09-01 实施

中华人民共和国农业部　发布

目　次

前　言

本标准按照GB/T 1.1—2009 给出的规则编写。

本标准由中华人民共和国农业部发展计划司提出并归口。

本标准起草单位:中国水产科学研究院渔业工程研究所。

本标准主要起草人:王新鸣、胡红浪、李天、任琦、梁锦、王洋、陈晓静。

水产良种场建设标准

1 范围

本标准规定了水产良种场建设的原则、项目规划布局及工程建设内容与要求。

本标准适用于现有四大家鱼等主要淡水养殖品种国家级水产良种场资质评估及考核管理;也适用于四大家鱼等主要淡水养殖品种水产良种场建设项目评价、设施设计、设备配置、竣工验收及投产后的评估、考核管理。

2 规范性引用文件

下列文件对于本文件的应用是必不可少的。凡是注日期的引用文件,仅注日期的版本适用于本文件。凡是不注日期的版本,其最新版本(包括所有的修改单)适用于本文件。

GB 5749 生活饮用水标准

GB 11607 渔业水质标准

GB 50011 建筑抗震设计规范

NY 5071 无公害食品 渔药使用准则

SC/T 1008—94 池塘常规培育鱼苗鱼种技术规范

SC/T 9101 淡水池塘养殖水排放要求

SC/T 9103 海水养殖水排放要求

《水产苗种管理办法》(2005年1月5日农业部第46号令)

《水产原良种场管理办法》

《中华人民共和国动物防疫法》

3 术语和定义

下列术语和定义适用于本文件。

3.1

水产良种场 multiplication center

指培育并向社会提供水产良种亲本或后备亲本的单位。

3.2

孵化车间 incubation facility

指水产养殖动物受精卵孵化成为幼体的人工建造的室内场所。

3.3

育苗车间 hatchery facility

指培育水产养殖对象幼体的人工建造的室内场所。

3.4

中间培育池 nursery culture pond

指用于水产养殖对象的幼体培育成较大规格苗种的土池或水泥池。

3.5

亲本养殖池 grow-out pond

指饲养培育水产养殖对象亲本的土池或水泥池。

3.6

亲本培育车间 maturation facility

指用于水产养殖对象亲本成熟培育的人工建造的室内场所。

3.7

产卵池 spawning pond

指水产养殖动物亲本进行交配与产卵的土池或水泥池。

4 建设规模与项目构成

4.1 水产良种场的建设原则

应根据本地区渔业发展规划、资源和市场需求,结合建场条件、技术与经济等因素,确定合理的建设规模。

4.2 水产良种场建设规模

应达到表1的要求。

表1 水产良种场建设规模要求

名称	规 模		
	年提供亲本数量	年提供后备亲本数量	年提供苗种数量
斑点叉尾鮰	10 000 尾	1万尾～2万尾	5 000 万尾
鲫鱼	3 000 尾	2万尾～4万尾	3 000 万尾
鲤鱼	1 000 尾	2万尾～3万尾	1亿尾
团头鲂	10 000 尾	1万尾～3万尾	0.5亿尾～2亿尾
青、草、鲢、鳙	2 000 尾	1万尾～2万尾	5 000 万尾

4.3 水产良种场工程建设项目的构成

4.3.1 生产设施

4.3.1.1 苗种培育系统:产卵池、孵化车间、育苗车间和中间培育池。

4.3.1.2 亲本培育系统:亲本养殖池、亲本培育车间。

4.3.1.3 饵料系统:动物饵料培育车间、植物饵料培育车间。

4.3.1.4 给排水系统:水处理池、高位水池、给排水渠道(或管道)。

4.3.2 生产辅助设施:化验室、档案资料室、标本室、生物实验室等。

4.3.3 配套设施

变配电室、锅炉房、仓库、维修间、通讯设施、增氧系统、场区工程、饲料加工车间和交通工具等。

4.3.4 管理及生活服务设施

办公用房、食堂、浴室、宿舍、车棚、大门、门卫值班室、厕所和围墙等。

4.4 水产良种场建设应充分利用当地提供的社会专业化协作条件进行建设;改(扩)建设项目应充分利用原有设施;生活福利工程可按所在地区规定,尽量参加城镇统筹建设。

5 选址与建设条件

5.1 场址选择应充分进行方案论证,应符合当地土地利用发展规划、村镇建设发展规划和环境保护的要求。

5.2 场址应选在交通方便、水源良好、排水条件充分、电力通讯发达、无环境污染的地区。

a) 场址周边应具备基本的对外交通条件。

b) 场址内或周边应有满足生产需要的水源,生产用水应符合 GB 11607 的要求,生活用水需满足

GB 5749 的要求。

c) 场址周边宜具备流动性自然水域，以满足场区排水要求。

d) 场址周边 1 000 m 范围内不得有污染源。

5.3 场址所在地的自然气候条件应基本满足养殖对象对环境的要求。

5.4 场地的设计标高，应符合下列规定：

a) 当场址选定在靠近江河、湖泊等地段时，场地的最低设计标高应高于设计水位 5 m。

1) 投资 500 万元及以上的水产良种场洪水重现期应为 25 年；

2) 投资 500 万元以下的水产良种场洪水重现期应为 15 年；

b) 当场址选定在海岛、沿海地段或潮汐影响明显的河口段时，场区的最低设计标高应高于计算水位 1 m。在无掩护海岸，还应考虑波浪超高，计算水位应采用高潮累积频率 10%的潮位。

c) 当有防止场区受淹的可靠措施且技术经济合理时，场址亦可选在低于计算水位的地段。

5.5 以下区域不得建场：水源保护区、环境污染严重地区、地质条件不宜建造池塘的地区等。

6 工艺与设备

6.1 水产良种场工艺与设备的确定，应遵循优质高效、节能、节水和节地的原则。

6.2 应有相应的隔离防疫设施，生产区入口处需设置隔离区、车辆消毒池及更衣消毒设备等。

6.3 应根据不同养殖对象的繁育要求，配备通风、控光、控温等设施。

6.4 水产良种场可设置下列主要生产设备：

a) 增氧设备：增氧机、充气机、鼓风机、空压机、气泵等。

b) 控温设备：锅炉、电加热系统、制冷系统、太阳能、气源热泵、地源热泵等。

c) 饲料加工及投喂设备：自动投饵机、饲料加工机械。

d) 生产工具：生产运输车辆、渔船、网具、水泵等。

6.5 水产良种场的实验仪器设备应按《水产原良种场生产管理规范》的要求配置。

7 建筑与建设用地

7.1 水产良种场建筑标准应根据建设规模、养殖工艺、建设地点气候条件区别对待，贯彻有利于生产、经济合理、安全可靠、因地制宜、便于施工的原则。

7.2 水产良种场内的道路应畅通。与场外运输线路连接的主干道宽度不低于 6 m，通往鱼池、育苗车间、仓库等的运输支干道宽度一般为 3 m～4 m。

7.3 生产区应与生活区、办公区、锅炉房等区域相互隔离。

7.4 水产良种场的各类设施建筑面积应达到表 2 所列指标。

表 2 水产良种场生产设施建筑面积表

单位为平方米

名称	选育车间	培育车间	孵化车间	饵料车间	产卵池	选育池	后备亲本培育池	亲本保存池	高位水池	实验室
斑点叉尾鮰	400	400			1 200	16 000	50 000	10 000	120	300
鲫鱼、鲤鱼			2 000		1 000		34 500	14 000		300
团头鲂	2 000	1 000	200		200		20 010	4 500		300
青、草、鲢、鳙	1 000		40		100	33 300	66 700	66 700	80	300
注：其他品种参照类似情况选用。										

7.5 孵化车间的建筑及结构形式如下：

a) 孵化车间一般为单层建筑，根据建设地点的气候条件及不同鱼类养殖种类的孵化要求，可采用采光屋顶、半采光屋顶等形式。孵化车间的建筑设计应具备控温、控光、通风和增氧设施。其结构宜采用轻型钢结构或砖混结构。

b) 湿度较大的孵化车间，其电路、电灯应具备防潮功能。

c) 孵化车间宜安装监控系统。

7.6 水产良种场的其他建筑物一般采用有窗式的砖混结构。

7.7 水产良种场各类建筑抗震标准按 GB 50011 确定。

7.8 **池塘**

a) 为提高土地利用率，池塘宜选择长方形，东西走向。

b) 池塘深度一般为 1 m～2.5 m，池壁坡度根据地质情况确定。

7.9 水产良种场建设用地必须坚持科学、合理和节约用地的原则。尽量利用滩涂等非耕地，少占用耕地。

7.10 水产良种场建设用地，应达到表 3 所列指标。

表 3 水产良种场建设用地指标

单位为平方米

名　称	建设用地
斑点叉尾鮰	110 000
鲫鱼、鲤鱼	72 000
团头鲂	48 000
青、草、鲢、鳙	190 000

8 配套设施

8.1 配套工程设置水平应满足生产需要，与主体工程相适应；配套工程应布局合理、便于管理，并尽量利用当地条件；配套工程设备应选用高效、节能、环保、便于维修使用、安全可靠、机械化水平高的设备。

8.2 水产良种场应有满足良种繁育所需的水处理设施和设备，处理工艺应满足种苗和活饵料培育、疫病预防的基本要求。

8.3 取水口位置应远离排水口及河口等，进、排水系统分开。

8.4 当地不能保证二级供电要求时，应自备发电机组。

8.5 供热热源宜利用地区集中供热系统，自建锅炉房应按工程项目所需最大热负荷确定规模。

8.6 锅炉及配套设备的选型应符合当地环保部门的要求。

8.7 消防设施应符合以下要求：

a) 消防用水可采用生产、生活、消防合一的给水系统；消防用水源、水压、水量等应符合现行防火规范的要求。

b) 消防通道可利用场内道路，应确保场内道路与场外公路畅通。

8.8 水产良种场应设置通讯设施，设计水平应与当地电信网的要求相适应。

8.9 应配置计算机管理系统，提高设备效率和管理水平。

9 病害防治防疫设施

9.1 水产良种场建设必须符合 NY 5071、《中华人民共和国动物防疫法》和农业部《水产原良种场管理办法》的规定。

9.2 水产良种场应设置化验室。

9.3 生产车间应设消毒防疫设施，配置车辆消毒池、脚踏消毒池、更衣消毒室等。

9.4 水产良种场应配备一定规模的隔离池，对病、死的养殖对象应遵循无害化原则，进行无害化处理。

10 环境保护

10.1 水产良种场建设应严格贯彻国家有关环境保护和职业安全卫生的规定，采取有效措施消除或减少污染和不安全因素。

10.2 新建项目应有绿化规划，绿化覆盖率应符合国家有关规定及当地规划的要求。

10.3 化粪池、生活污水处理场应设在场区边缘较低洼、常年主导风向的下风向处；在农区宜设在农田附近。

10.4 应设置养殖废水处理设施，处理后的废水应达到SC/T 9101或SC/T 9103的要求，做到达标排放。

11 人员要求

11.1 场长、副场长应大专以上学历，从事水产养殖管理工作5年以上，具有中级以上技术职称。主管技术的副场长应具有水产养殖遗传育种等相关专业知识。

11.2 中级以上和初级技术人员所占职工总数的比例分别不低于10%、20%。

11.3 技术工人具有高中以上文化程度，经过职业技能培训并获得证书后方能上岗。技术工人占全场职工的比例不低于40%。

12 主要技术经济指标

12.1 工程投资估算及分项目投资比例按表4控制。

表4 良种场工程投资估算及分项目投资比例

名称	总投资 万元	建筑工程 %	设备及安装工程 %	其他 %	预备费 %
斑点叉尾鮰良种场	400～500	60～70	20～30	6～10	3～5
鲫鱼、鲤鱼良种场	450～550	65～75	15～25	6～10	3～5
团头鲂良种场	450～550	60～70	15～25	6～10	3～5
青、草、鲢、鳙良种场	500～600	60～70	15～25	6～10	3～5

12.2 水产良种场建设主要建筑材料消耗量按表5控制。

表5 良种场建设主要材料消耗量表

名称	钢材，kg/m^2	水泥，kg/m^2	木材，m^3/m^2
轻钢结构	30～45	20～30	0.01
砖混结构	25～35	150～200	0.01～0.02
其他附属建筑	30～40	150～200	0.01～0.02

12.3 水产良种场建设工期按表6控制。

表6 良种场建设工期

名称	四大家鱼	其他品种
建设工期，月	12～18	12～16

ICS 65.040
P 35

中华人民共和国农业行业标准

NY/T 2240—2012

国家农作物品种试验站建设标准

Building standard of station for regional test of crop variety

2012-12-07 发布 2013-03-01 实施

中华人民共和国农业部 发布

目　次

前　言

本标准按照 GB/T 1.1—2009 给出的规则起草。

本标准由农业部发展计划司提出并归口。

本标准起草单位:农业部工程建设服务中心、全国农业技术推广服务中心。

本标准主要起草人:廖琴、黄洁、陈应志、环小丰、邱军、谷铁城、孙世贤、刘存辉、赵青春、陈伟雄、洪俊君。

国家农作物品种试验站建设标准

1 范围

本标准规定了国家农作物品种试验站建设的基本要求。

本标准适用于国家级农作物品种试验站的新建、改建、扩建；不适用于国家级农作物品种抗性、品质等特性鉴定的专用性农作物品种试验站建设；省级农作物品种试验站建设可参照本标准执行。

本标准可作为编制农作物品种试验站建设项目建议书、可行性研究报告和初步设计的依据。

2 规范性引用文件

下列文件对本文件的应用是必不可少的。凡是注日期的引用文件，仅注日期的版本适用于本文件。凡是不注日期的引用文件，其最新版本（包括所有的修改单）适用于本文件。

NY/T 1209 农作物品种试验技术规程 玉米

NY/T 1299 农作物品种区域试验技术规程 大豆

NY/T 1300 农作物品种区域试验技术规程 水稻

NY/T 1301 农作物品种区域试验技术规程 小麦

NY/T 1302 农作物品种试验技术规程 棉花

NY/T 1489 农作物品种试验技术规程 马铃薯

3 术语和定义

下列术语和定义适用于本文件。

3.1

国家农作物品种试验 national test of crop variety

由国家农业行政主管部门指定单位组织的、为品种审（认、鉴）定和推广提供依据而进行的新品种比较试验和各项鉴定检测。

国家农作物品种试验包括品种（品系、组合，下同）预备试验、区域试验、生产试验、抗性鉴定、品质检测及新品种展示等内容。

3.2

品种预备试验 preparatory test of crop variety

当申请参加区域试验品种较多，难以全部安排区域试验时，在同一生态类型区内统一安排的多个品种多点小区试验，初步鉴定参试品种的丰产性、适应性和抗性等性状，为区域试验筛选推荐品种。

3.3

品种区域试验 regional test of crop variety

在一定生态区域内和生产条件下按照统一的试验方案和技术规程安排的连续多年多点品种比较试验，鉴定品种的丰产性、稳产性、适应性、抗性、品质及其他重要性状，客观评价参加试验品种的生产利用价值及适宜种植区域。

3.4

品种生产试验 production test of crop variety

在品种区域试验的基础上，在接近大田生产的条件下，对品种的各项主要性状进一步验证，同时总结配套栽培技术的试验。

3.5

新品种展示　variety show

对已经通过审(认、鉴)定的品种，在同等条件下集中种植，直观地比较不同品种的特征特性，为种子生产者、经营者、使用者选择品种提供官方信息和技术指导；是品种区域试验、生产试验的补充和延伸。

3.6

农作物品种试验站　station for regional test of crop variety

由国家认定的，承担农作物品种预备试验、区域试验、生产试验和展示任务，为品种审(认、鉴)定和推广提供依据的试验站。

4　选址条件

4.1　应符合区域或行业发展规划、当地土地利用中长期规划、建设规划的要求。

4.2　应在试验作物生产区域，能代表某一生态区域的典型生态类型(包括土壤类型、气候特点等)、耕作制度和生产水平。

4.3　应满足试验及展示需要的水、电、通讯等条件，交通便利，排灌方便。

4.4　应不受林木及高大建筑物遮挡，无污染源，极端自然灾害少，且地势平坦、地力均匀、形状规整、土壤肥力中上等水平。

5　建设规模

5.1　承试能力

每年能同时承担300个以上农作物品种的预备试验、区域试验、生产试验及展示任务。

5.2　建设规模

根据不同作物品种的预备试验、区域试验、生产试验及品种展示数量确定，一般不少于8 hm^2，其中建设用地不少于0.3 hm^2(含晒场)。超过300个农作物品种试验时，建设规模根据试验品种及田间试验设计要求予以增加，但应控制在20 hm^2 以内。

6　工艺技术与配套设备

6.1　工艺技术

6.1.1　工作流程

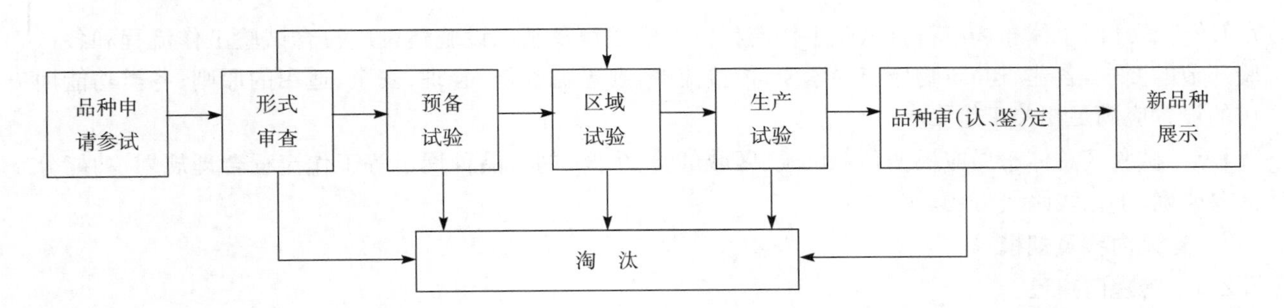

6.1.2　品种试验流程

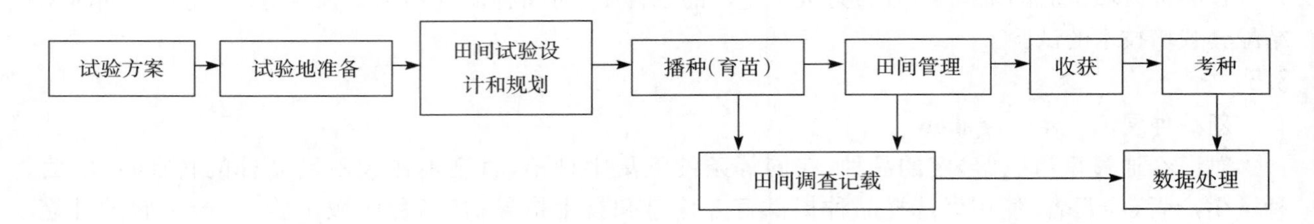

6.1.2.1 试验方案:试验组织单位统一制定并下达给试验承担单位的各作物年度试验安排。

6.1.2.2 试验地准备:了解试验地土壤肥力均匀程度、耕耙、平整、施基肥、起垄、开沟、覆膜。

6.1.2.3 播种(育苗):室内发芽试验→确定播种量→种子处理(浸种、催芽)→播种(→育苗→移植)。

6.1.2.4 田间管理:灌排、中耕、施肥、病虫草害防治,并防止鼠、鸟、禽、畜危害。

6.1.2.5 田间调查:取样、调查、记载和测量。

6.1.2.6 收获:取样、收割(采收、脱粒、轧花)、运输、晾晒(烘干、清选)、称重和储藏。

6.1.2.7 考种:挂藏晾干、性状调查(植株特征、穗粒形状、品质特性等)和数据整理。

6.1.2.8 数据处理:按照数理统计原理,对各点试验数据进行汇总分析。

6.1.3 试验设计

6.1.3.1 根据拟参加试验的品种数量和特性,制订预备试验、区域试验、生产试验的设置方案。预备试验、区域试验根据不同作物特点和参试品种数量,采用完全随机区组、间比法或拉丁方排列,生产试验采用大区随机排列;各类试验重复次数根据品种确定。区组排列遵循"区组内试验条件差异最小,区组间试验条件差异最大"的原则。

6.1.3.2 小麦、玉米、水稻、大豆、棉花、马铃薯等农作物品种试验小区面积、小区排列、区组方位、小区(大区)形状与方位以及保护行、操作道设置等要求,应分别按 NY/T 1301、NY/T 1209、NY/T 1300、NY/T 1299、NY/T 1302 和 NY/T 1489 的规定执行。

6.2 配套设施及设备

根据拟承担的试验任务,本着"实际需要、经济实用"的原则,围绕品种试验流程,确定各类功能用房,配置相关的试验、检测仪器设备和农机具等。

7 总体布局与建设内容

7.1 总体布局

7.1.1 按照"节约用地、功能分区、合理布局、便于管理"的原则,将试验站划分为管理、试验两大功能区。土建工程集中布置在管理区,试验区主要进行田间基础设施建设。原则上,管理区和试验区应相邻。

7.1.2 管理区总体布局应符合试验工作流程。土建工程及基础设施建设应符合试验工作流程和各试验环节的要求,各建(构)筑物应布局紧凑、衔接流畅,要遵循经济、合理、安全、适用的原则;各类功能用房的设置应满足相关工作要求。

7.1.3 试验区总体布局应根据预备试验、区域试验、生产试验、品种展示等工作流程合理规划,功能分区要明确,工艺线路要流畅。

7.2 建设内容及规模

7.2.1 管理区建设

7.2.1.1 管理区建设应根据实验、检测工艺和设备要求确定。包括实验室、展示室、考种室、挂藏室、种子仓库、生产资料库、农机具库、农机具棚、凉棚等主要建筑,以及配电室、门卫房、锅炉房、食堂、晒场、道路、机井及配套、室外给排水、电气工程及附属设施等。

7.2.1.2　实验用房包括天平室、发芽室、数据处理室、水分测定室、分样室等功能用房，建筑面积宜控制在 300 m^2 以内。

7.2.1.3　展示、挂藏、考种、贮存、农机具等用房设置要与试验品种数量相适应。展示室、挂藏室建筑面积不超过 180 m^2，考种室建筑面积不超过 120 m^2，库房建筑面积不超过 250 m^2，农机具库(棚)建筑面积不超过 230 m^2。

7.2.1.4　场区水、电等配套设施应满足各主体工程供电、供排水等的要求。

管理区建设内容和标准详见表 1。

表 1　管理区建设内容及标准参考表

序号	内容名称	单位	规模	建设标准	备注
1	实验、展示、考种及挂藏用房	m^2	≤600	采用框架或砌体结构，地砖地面，内外墙涂料，外墙门窗保温。抗震设防类别为丙类，建筑耐火等级不低于二级，结构设计使用年限 50 年	各功能用房可根据不同作物品种特点进行调整
2	各类库房	m^2	≤480	砌体或轻钢结构，抗震设防类别为丙类	包括种子仓库、生产资料库、农机具库棚等
3	机井及配套	眼	1	含井房、水泵、压力罐、电气设施	
4	配电室	m^2	20	含供配电设备	
5	晒场	m^2	≤1 200	混凝土面层	
6	凉棚	m^2	≤200	轻钢结构	
7	门卫房及大门	座	1	砌体结构、钢门	门卫房不大于 15 m^2
8	道路	m^2	200～250		
9	室外给排水、电力设施	项	1		
10	锅炉房、食堂	m^2	50	砌体结构，含锅炉	

7.2.2　**试验区建设**

7.2.2.1　试验区应根据承担的试验类别、作物种类、品种数量，确定试验地建设规模。主要包括土地平整、田间道路、田埂、排灌设施、围墙(围栏)等；根据不同作物试验的实际需要和区域特点，建设温室、大棚、网室、防鸟网和防鼠墙等。

7.2.2.2　试验地块设计对于区组排列的方向应与试验地实际或可能存在的肥力梯度方向一致。

7.2.2.3　区域试验站内道路、田间作业路等设置，应满足人工操作及机械化作业的要求。

7.2.2.4　水源应满足各作物品种试验灌溉用水要求。

7.2.2.5　灌溉保证率应达到 95%以上，井灌区为 100%；排水标准重现期不小于 15 年。

7.2.2.6　小麦、玉米、水稻、棉花、大豆、马铃薯等农作物的区域试验小区、生产试验大区、保护行(带)、操作道等设置要求同 6.1.3.2。

试验区建设内容和标准详见表 2。

表 2　试验区建设内容及标准参考表(8 hm^2～20 hm^2)

序号	项目名称	单位	规模	建设标准	备注
1	土地平整	hm^2	8～20		合理选择项目用地，尽量减少土地平整费用，减少对土壤肥力的影响
2	田间道路	m	1 800～4 500	混凝土或沙石路面，宽 2.5 m～4 m	
3	田埂	m	2 100	适用于水田。混凝土埂，宽 0.4 m，高 0.6 m	

表 2（续）

序号	项目名称	单位	规模	建设标准	备注
4	排灌设施				
4.1	机井(抽水站)与配套	眼/座	1～2	北方宜采用机井，南方可采用抽水站，设计供水能力不小于 100 m^3/h。在降雨量少的北方地区，井房或抽水站采用砖混结构	
4.2	灌水渠	m	1 200～2 800	一般为明渠，混凝土衬砌或砌体衬砌，断面根据灌溉制度和过水能力确定	
4.3	排水沟	m	1 200～2 800	一般为明沟，混凝土衬砌或砌体衬砌	根据排水标准确定各级排水断面
4.4	灌溉管道(主管)	m	600～1 400	PVC 管 Φ110～Φ150	
4.5	灌溉管道(支管)	m	2 000～3 500	PVC 管 Φ90～Φ110	
5	日光温室	m^2	≤1 200	砖和钢架结构，配套灌溉设施	根据需要建设，主要用于园艺作物
6	大棚	m^2	≤2 000	轻钢结构，配套灌溉设施	
7	网室	m^2	400	轻钢结构，尼龙网 40 目	仅用于马铃薯区试繁种点
8	围墙(围栏)	m	1 200～2 000	高度 2 m～2.5 m	
9	防鸟网	m^2	14 000～21 000	简易支架，面拉铁丝，上盖塑料网	含支架和网
10	防鼠墙	m^2	1 500～2 200	砖石砌体	鼠害严重地区采用，主要用于水稻区试
11	高压线	m	300～400		架空
12	低压线	m	300～400		架空

7.2.3 仪器设备配置

主要包括农机具、种子处理及考种设备、试验数据处理设备等。

7.2.3.1 农机具

按表 3 配置相关农机具。

表 3 农机具配置选用表

序号	建设项目	单位	数量	备注
1	拖拉机	台	2	中小型各 1 台
2	中耕施肥机	台	2	
3	小型旋耕机	台	1	
4	运输车	辆	1	
5	机动喷药机	台	1	
6	覆膜机	台	1	仅在旱地试验区配置
7	小区播种机	台	1	
8	小区收获机	台	1	
9	小型轧花机	台	1	仅在棉区配置
10	插秧机	台	1	仅在南方稻区配置
11	小型脱粒机	台	3	
注：配置选用表中的仪器设备，可针对不同作物特性和地域进行选用或补充。				

7.2.3.2 种子处理及考种设备

按表 4 配置相关种子处理及考种设备。

表 4　种子处理及考种设备配置选用表

序号	建设项目	单位	数量	备注
1	低温箱	台	2	室温至 0℃，±1℃
2	电子干燥箱	台	2	0℃～300℃，±1℃
3	智能光照培养箱	台	3	5℃～45℃，±1℃
4	电子天平	台	3	0.01 g～0.001 g
5	电子秤	台	1	
6	红外线水分测定仪	台	2	
7	分样器	套	2	
8	数粒器	个	2	
9	容重测定仪	台	1	
10	土壤养分速测仪	台	1	
11	土壤水分测定仪	台	1	
注：配置选用表中的仪器设备，可针对不同作物特性和地域进行选用或补充。				

7.2.3.3　**试验数据处理设备**

按表 5 配置相关试验数据处理设备。

表 5　试验数据处理设备配置选用表

序号	建设项目	单位	数量	备注
1	数码相机	台	1	
2	数码摄像机	台	1	
3	台式电脑及外设	台	2	
4	笔记本电脑	台	1	
5	实验台	m	50	
6	档案、样品柜	个	10	
注：配置选用表中的仪器设备，可针对不同作物特性和地域进行选用或补充。				

8　节能环保

8.1　建筑设计应严格执行国家规定的有关节能设计标准。

8.2　不应使用不符合环保要求的建筑材料；试验过程不应使用高毒、高残留农药。

9　投资估算指标

9.1　一般规定

9.1.1　投资估算应与当地的建设水平、市场行情相一致。

9.1.2　实验室、展室等在非采暖区的投资估算指标应减少采暖的费用。

9.2　管理区投资估算指标

管理区投资估算指标见表 6。

表 6　管理区投资估算指标参考表

序号	建设内容	单位	规模	单价 元	合计 万元	估算标准	估算内容和标准
1	实验、考种及挂藏用房	m^2	600	1 000～1 500	60～90	采用砌体结构，普通地砖地面，内外墙涂料，塑钢或铝合金保温节能门窗。水电为常规配置，实验用房采用分体式空调	估算内容包括土建工程、装饰工程、给排水及消防工程、采暖工程、照明及弱电工程、通风及空调工程等单位工程

表 6（续）

序号	建设内容	单位	规模	单价元	合计万元	估算标准	估算内容和标准
2	各类库房	m^2	330	800～1 000	26.4～33	砌体或轻钢结构	估算内容包括土建工程、装饰工程、给排水及消防工程、照明等单位工程
3	农机具棚	m^2	150	300～500	4.5～7.5	轻钢结构、彩钢板屋面，无围护结构或围护结构高度不超过 1.2 m	估算内容包括土建、装修、电气等单位工程
4	机井及配套	眼	1	80 000～120 000	8～12	井深 50 m～100 m	估算内容包括机井、水泵、动力机、输变电设备、井台、井房等
5	配电室	m^2	20	2 500～3 500	5～7	砖混结构，变压器容量 50 kW～100 kW	估算内容含供变压器等配电设备
6	晒场	m^2	1 200	80～120	9.6～14.4	混凝土结构，面层厚度 0.2 m	估算内容包括场地平整、土方、结构层和面层
7	凉棚	m^2	200	200～350	4～7	轻钢结构、彩钢板屋面，无维护结构或维护结构高度不超过 1.2 m	估算内容包括土建、装修等单位工程
8	门卫房及大门	m^2	15	2 000	3	砌体结构，钢大门 1 座	估算内容包括土建工程、装饰工程、给排水、采暖工程、电气照明等单位工程
9	道路	m^2	200～250	100～150	2～3.75	混凝土路面，面层厚度 0.15 m～0.2 m	估算内容包括土方挖填、垫层、结构层、面层等所有工作内容
10	锅炉房、食堂	m^2	50	3 000	15.00	砖混结构	估算内容包括土建工程、装饰工程、给排水及消防工程、照明工程、锅炉设备等单位工程
11	室外给排水、采暖、电气设施等	项	1	200 000～280 000	20～28	铸铁排水管、PVC 管、PPR 管、镀锌钢管等	估算内容包括土方挖填、垫层、管线敷设等所有工作内容
12	大小区展示牌	套	1	12 000～15 000	1.2～1.5	15 个左右	估算内容包括制作安装

9.3 试验区投资估算指标

试验区投资估算指标见表 7。

表 7　试验区投资估算指标参考表(8 hm^2～20 hm^2)

序号	项目名称	单位	规模	单价元	合计万元	建设标准	估算内容
1	土地平整	hm^2	8～20	2 250～3 000	1.8～6	较平坦的耕地进行平整，平整厚度在 30 cm 以内，采用机械平整方式	估算内容包括破土开挖、推土、平整等土方工程，施有机肥，换土、掺砂或石灰等分部分项工程内容
2	田间道路	m	1 800～4 500	200～350	27～108	混凝土路面，宽 2.5 m～4 m(如为沙石路面，单价指标为 90 元/米～150 元/米)	估算内容包括土方挖填、垫层、面层等全部工作内容

表7（续）

序号	项目 名称	单位	规模	单价 元	合计 万元	建设标准	估算内容
3	田埂	m	1 800～2 500	50～70	9～17.5	适用于水田。混凝土田埂，宽 0.4 m，高 0.6 m。田埂高出耕地面 0.2 m	估算内容包括土方挖填、垫层、结构层、面层等全部工作内容
4	排灌设施						
4.1	机井（抽水站）与配套	眼/座	1～2	80 000～120 000	8～24	北方宜采用机井，南方可采用抽水站，设计供水能力不小于 100 m^3/h。在降雨量少的北方地区，井房或抽水站采用砖混结构	估算内容包括机井/抽水站、水泵、动力机、输变电设备、井台、井房等全部工程内容
4.2	灌水渠	m	1 200～2 800	70～100	8.4～28	一般明渠，混凝土衬砌或砌体衬砌，断面根据灌溉定额确定	估算内容包括沟渠的土方人工或机械开挖、运土、夯实、砌砖（石）或混凝土等
4.3	排水沟	m	1 200～2 800	70～110	8.4～30.8	一般为明沟，混凝土衬砌或砌体衬砌，断面根据当地强度设计	衬砌、抹灰等分部分项工程
4.4	灌溉管道（主管）	m	600～1 400	50～70	3～9.8	PVC 管 Φ 110～Φ 150	估算内容包括首部加压系统及泵房、挖土、管道敷设、回填土、喷头安装、设备配置等分部分项工程
4.5	灌溉管道（支管）	m	2 000～3 500	30～45	6～15.75	PVC 管 Φ 90～Φ 110	估算内容包括挖土、管道敷设、回填土、喷头安装、设备配置等分部分项工程
5	日光温室	m^2	1 200	300～600	36～72	砖混和钢架结构，配套滴灌设施	估算内容包括温室本体、降温、供暖、通风、灌溉、遮阴等分部分项工程
6	大棚	m^2	2 000	150～200	30～40	采用钢架结构	估算内容包括场地平整、骨架、灌溉设施等分部分项工程
7	网室	m^2	400	150～250	3.2～6	采用钢架结构，尼龙网 40 目	估算内容包括场地平整、土方、基础、钢骨架、防虫网、灌溉系统等分部分项工程
8	围墙（围栏）	m	1 200～2 000	150～200	18～40	高度 2 m～2.5 m	估算内容包括基础、墙体（或栅栏）等分部分项工程，大门不包括门房
9	防鸟网	m^2	14 000～21 000	6～8	8.4～16.8	简易支架	估算内容包括防护网、支撑架等全部工程内容
10	防鼠墙	m^2	1 500～2 200	60～80	9～17.6	高 1.0 m～1.2 m，单砖（12 cm）墙，内、外批水泥面或贴瓷片	估算内容包括基础、墙体等分部分项工程内容
11	高压线	m	300～400	150～200	4.5～8		估算内容包括电杆、线路敷设等全部工程内容
12	低压线	m	300～400	70～100	2.1～4		估算内容包括电杆、供电线路敷设等全部工程内容

9.4 仪器设备配置投资估算指标

仪器设备配置投资估算指标见表8。

表8 仪器设备配置投资估算参考表

序号	建设项目	单位	数量	单价 万元	合计 万元	备　注
一	农机具					
1	中型拖拉机	台	1	6～9	6～9	
2	小型拖拉机	台	1	2～3	2～3	
3	中耕施肥机	台	2	0.5～1.0	1～2	
4	小型旋耕机	台	1	0.8～1.1	0.8～1.1	
5	运输车	辆	1			
6	机动喷药机	台	1	0.3～0.5	0.3～0.5	
7	覆膜机	台	1	0.5～0.8	0.5～0.8	仅在旱地试验区配置
8	小区播种机	台	1			仅在旱地试验区配置
9	小区收获机	台	1			
10	小型轧花机	台	1	1	1	仅在棉区配置
11	插秧机	台	1	2～4	2～4	仅在稻区配置
12	小型脱粒机	台	3	0.4～0.8	1.2～2.4	
二	种子处理及考种设备					
1	低温箱	台	2	1	2	0℃～1℃
2	电子干燥箱	台	2	0.3～1.5	0.6～3.0	0℃～300℃,1℃
3	智能光照培养箱	台	3	0.8	2.4	5℃～45℃,1℃
4	电子天平	台	3	0.5	1.5	1/100～1/1 000
5	电子秤	台	1	0.4	0.4	
6	红外线水分测定仪	台	2	0.35～0.8	0.7～1.6	
7	分样器	套	2	0.05～0.5	0.1～1.0	
8	数粒器	个	2	0.3～2	0.6～4	
9	容重测定仪	台	1	2	2	
10	土壤养分速测仪	台	1	0.6	0.6	
11	土壤水分测定仪	台	1	0.3～0.5	0.3～0.5	
三	试验数据处理设备					
1	数码相机	台	1	0.5	0.5	
2	数码摄像机	台	1	1.2	1.2	
3	台式电脑及外设	台	2	0.7	1.4	
4	笔记本电脑	台	1	0.8	0.8	
5	实验台	米	50	0.1	5	
6	档案、样品柜	个	10	0.3	3	

10 运行管理

10.1 应严格按照农作物品种区域试验技术相关规程和管理规定运行。

10.2 从事大田作物品种试验管理,一般总人数不低于5人。每一种作物预备试验、区域试验、生产试验,至少配备1名农学类本科以上学历或高级农艺师以上专业技术人员。

10.3 从事园艺作物品种试验管理,至少有1人为园艺作物本科以上学历或高级农艺师以上专业技术人员。

ICS 65.040
P 35

中华人民共和国农业行业标准

NY/T 2241—2012

种猪性能测定中心建设标准

Construction criterion for performance test station of breeding pig

2012-12-07 发布 2013-03-01 实施

中华人民共和国农业部 发布

前　言

本标准按照GB/T 1.1—2009给出的规则起草。

本标准由农业部发展计划司提出并归口。

本标准起草单位:农业部工程建设服务中心、中国农业科学院北京畜牧兽医研究所。

本标准主要起草人:刘克刚、王立贤、刘望宏、刘继军、肖炜、龚建军、张小川、孔贵生、陈东、郭艳青、陈宇、王蕾、王艳霞、洪俊君。

种猪性能测定中心建设标准

1 范围

本标准规定了种猪性能测定中心的建设规模与项目构成、场址与建设条件、工艺与设备、建设用地与场区布局、建筑工程与附属设施、防疫设施、环境保护和主要技术经济指标等。

本标准适用于每批次同时测定种猪 200 头以上的种猪性能测定中心建设;测定能力在 200 头种猪以下的种猪测定站可参照执行。

2 规范性引用文件

下列文件对于本文件的应用是必不可少的。凡是注日期的引用文件,仅注日期的版本适用于本文件。凡是不注日期的引用文件,其最新版本(包括所有的修改单)适用于本文件。

GB 7959 粪便无害化卫生标准

GB/T 17824.1 规模猪场建设

GB 10152 B型超声诊断设备

GB/T 17824.3 规模猪场环境参数及环境管理

GB 18596 畜禽养殖业污染物排放标准

GB 50039 农村防火规范

GB 50189—2005 公共建筑节能设计标准

NY 5027 无公害食品 畜禽饮用水水质标准

3 术语和定义

下列术语和定义适用于本文件。

3.1

种猪性能测定 performance test of breeding pig

按测定方案将种猪置于相对一致的环境条件下,对种猪生产性能进行测量的全过程。

3.2

全进全出 all-in,all-out

同一猪舍单元饲养同一批次的猪,同批进、同批出的管理制度。

3.3

隔离猪舍 isolation house

用于隔离观察待测定猪的饲养场所。

3.4

测定猪舍 performance test house

用于测定猪生产性能的场所。

3.5

销售展示猪舍 pig exhibition room for sales

用于展示和销售结测种猪的场所。

3.6

净道 non-pollution road

场区内用于人员通行以及健康猪群、饲料等清洁物品转运的专用道路。

3.7

污道　pollution road

场区内用于垃圾、粪便等废弃物、病死猪出场的专用道路。

4　建设规模与项目构成

4.1　种猪性能测定中心建设规模，应根据国家制订的畜禽良种工程建设规划以及周边地区种猪生产情况和社会经济发展需求等合理确定。

4.2　建设规模要求每批次同时测定种猪200头以上。

4.3　项目构成包括生产设施、辅助生产设施、配套设施、管理及生活设施等。

a)　生产设施：隔离猪舍、测定猪舍和销售展示猪舍等；

b)　辅助生产设施：更衣消毒室、车辆消毒池、兽医室、化验室、技术资料室、饲料储备间（或料塔）、仓库、维修间、上猪台、病死猪处理及粪便污水处理设施等；

c)　配套设施：场区道路、绿化、给排水、供电、供热和通信工程设施等；

d)　管理及生活设施：管理用房、生活用房、围墙、大门、值班室和场区厕所等。

5　选址与建设条件

应符合GB/T 17824.1的要求。

6　工艺与设备

6.1　种猪性能测定中心应采用“隔离—性能测定—待售”三阶段工艺，每批猪实行小单元“全进全出”，实行计料自动化。

6.2　种猪性能测定中心设备配置基本原则：

a)　满足种猪性能测定需要；

b)　先进适用、性能可靠、安全卫生，自动化程度高；

c)　有利于舍内环境控制和猪群健康。

6.3　种猪性能测定中心设备配置：

a)　性能测定设备：背膘厚度及眼肌面积或眼肌厚度测定应选用B超，体重计量应选用磅秤或电子笼秤，测定采食量（饲料转化率）应选用自动计料饲喂系统；

b)　饲养设备：隔离猪舍宜选用自动料槽，测定舍应选用自动计料饲喂系统，销售展示猪舍宜选用单体限位栏等设备，各猪舍应配套自动饮水系统、转猪车、手推饲料车或机械供料系统等；

c)　其他设施设备：舍内环境调控设备主要包括降温和采暖通风设备、消毒防疫设备、兽医设备、清粪设备、动物尸体无害化处理设施、供电和供水设备等。

6.4　主要设备配置与技术参数：

a)　自动计料饲喂系统包括：

——可同时运行20台以上单机；

——每台单机同时可以测定25 kg～150 kg的种猪12头～15头；

——每台单机带RFID耳标阅读器，识别率为100%；

——单机自带电子料槽，计量误差为±2 g；

——单机每次只允许1头猪只自由采食；

——单机有独立存贮器，能连续存贮猪只72 h内的动态采食情况；

——中央计算机独立访问各单机,可实现数据交换与自动化管理。

b) B型超声波测定仪:选用便携式B型超声波测定仪。其技术参数应符合GB 10152的相关要求,能准确测定种猪目标体重阶段的活体背膘厚度和活体眼肌面积或眼肌厚度。

c) 电子笼秤:计量误差±200 g,称量范围0 kg～300 kg。要方便移动和保定猪只或另配测定猪只保定笼,使猪保持平稳安静的站立状态。

d) 其他设备配置与技术参数应符合GB/T 17824.3的要求。

7 建设用地与场区布局

7.1 建设用地应符合国家有关的管理规定。

7.2 按使用功能要求,场区划分为生产区(包括隔离猪舍、测定猪舍、销售展示猪舍)、辅助区(包括兽医室、防疫消毒设施、饲料储备间或料塔等)、生活管理区(包括管理用房、生活用房、值班室等)和废弃物处理区(包括病死猪处理、粪污处理设施等)。

7.3 场区布局应符合以下要求:

a) 生活管理区和辅助区应选择在生产区常年主导风向的上风向或侧风向及地势较高处;废弃物处理区应布置在生产区常年主导风向的下风向或侧风向及全场地势最低处;

b) 隔离猪舍与测定猪舍、销售展示猪舍间隔不低于50 m,且位于下风向;

c) 废弃物处理区内的粪污处理设施应布置在下风向距生产区最远处;

d) 四周设围墙,大门设值班室、更衣消毒室和车辆消毒池;生产人员进入生产区设专用通道,通道由更衣间、淋浴间和消毒间组成;

e) 场内道路为混凝土路面,净道与污道分开,净道宽度3 m～4 m,污道宽度2 m～3 m;

f) 猪舍朝向和间距须满足日照、通风、防火和排污的要求,猪舍纵向轴线与常年主导风向夹角小于30°;相邻两猪舍纵墙间距9 m～12 m,端墙间距10 m～15 m;

g) 场区布局应充分考虑今后发展和改造的可能性。

7.4 猪舍总建筑面积按每饲养1头测定猪需5.0 m^2～6.5 m^2 计算。

7.5 猪场的其他辅助建筑总面积按每饲养1头测定猪需1.5 m^2～2.0 m^2 计算。

7.6 猪场的场区占地总面积按每饲养1头测定猪需30 m^2～40 m^2 计算。

7.7 场区绿化覆盖率应不低于30%。

8 建筑工程及附属设施

8.1 建筑与结构

8.1.1 200头种猪性能测定中心主要建筑物面积指标见表1。

表1 种猪性能测定中心主要建筑物面积指标

名　称	建筑面积,m^2	备　注
隔离猪舍	300～400	24单元～26单元式,每单元8头～10头
测定猪舍	600～750	20栏(18个饲喂站,2栏备用),12头/栏～15头/栏
销售展示猪舍	100～150	
辅助建筑	300～400	兽医室、饲料储备间、消毒更衣室、管理用房、生活用房和值班室等

8.1.2 根据建设地点的气候条件,可采用开敞式、半开敞式或有窗猪舍。

8.1.3 猪舍宜设计为矩形平面、单层、单跨、双坡屋顶,猪舍檐高宜为2.6 m～2.8 m,猪舍长度应依据种猪饲养头数和猪栏布置方式确定。

8.1.4 采用自然通风的有窗式猪舍,跨度不宜大于9 m。

8.1.5 辅助建筑宜采用单层、平屋顶或坡屋顶建筑,室内净高宜为2.8 m~3.3 m。

8.1.6 外围护结构的传热系数应符合GB 50189或地方公共建筑节能设计标准的规定。

8.1.7 建筑物耐火等级应符合GB 50039的规定。

8.1.8 各类猪舍可根据建场条件选用轻钢结构或砖混结构,辅助建筑宜选用砖混结构。

8.1.9 各类猪舍和辅助建筑的结构设计使用年限宜为50年。

8.1.10 抗震设防烈度为6度及以上地区,各类猪舍及辅助建筑宜按标准设防类(丙类)进行抗震设计。

8.1.11 设置避雷、防雷设施。

8.2 配套工程与设施

8.2.1 场区各功能分区之间设实体围墙隔离,墙高2 m以上;生产和生活污水采用暗沟或管道排至污水处理池,自然降水采用明沟排放。

8.2.2 供水可采用压力罐恒压供水或水塔、蓄水池供水,饮水为处理达到饮用标准的自来水或地下水,应符合NY 5027的规定。

8.2.3 电力负荷等级为二级。当地不能保证二级供电时,应设置自备电源。

8.2.4 场区应配置信息交流、通讯联络设备。

8.2.5 根据建设地点选用供暖方式;夏季较热的地区猪舍需安装降温设施。

8.2.6 消防应符合GB 50039的规定,场区内设计环形道路,保证场内消防通道与场外道路相通,场内水源、水压、水量应符合现行消防给水要求。

8.2.7 污水处理排放应符合GB 18596的要求。

8.2.8 种猪测定中心猪舍的配套设施主要包括猪栏、舍内地板、饲喂设备和饮水设备等。

9 防疫设施

9.1 种猪性能测定中心应加强整体防疫体系,各项防疫措施应完整、配套、简洁和实用。

9.2 种猪性能测定中心四周应建围墙,并有绿化隔离带,入口处应设车辆消毒设施。

9.3 生产区、生活管理区和隔离区应保持一定间距,并设围墙严格隔离。在生产区入口处应设更衣淋浴消毒室,在猪舍入口处应设鞋靴消毒池或消毒盆。

9.4 入场上猪台应与隔离猪舍的入口端相通,出场上猪台应与销售展示猪舍的出口端相通,隔离猪舍、测定猪舍与销售展示猪舍间由转猪通道相连接。

9.5 饲料储备间应具有向生产区外卸料的门和向生产区内取料的门,严禁场外饲料车进入生产区内卸料。

9.6 污水粪便处理区及病死猪无害化处理设施应设在隔离区内,并在生产区夏季主导风向的下风向或侧风向处,设围墙或林带与生产区隔离。

9.7 配置专用防疫消毒设备。

10 环境保护

10.1 新建种猪性能测定中心应进行环境评估。选择场址时,应由环境保护部门对拟建场址的水源、水质进行检测并作出评价,确保猪场与周围环境互不污染。猪场各区均应做好绿化。

10.2 污水处理应符合环保要求,鼓励资源化重复利用,排放时达到GB 18596的要求。

10.3 粪便宜采用生物发酵方式或其他方式处理,符合GB 7959的要求。

10.4 空气环境、水质、土壤等环境参数应定期进行监测,并根据检测结果作出环境评价,提出改善措施。

10.5 噪声大的设备应采用隔音、消音或吸音等相应控制措施，使猪舍的生产噪声或外界传入的噪声不得超过 80 dB。

10.6 场区绿化应结合当地气候和土质条件选种能净化空气的花草树木，并根据需要布置防风林、行道树、隔离带。

11 主要技术及经济指标

11.1 种猪性能测定中心建设主要材料消耗量指标不宜超过表 2 所列指标。

表 2 种猪性能测定中心建设主要材料消耗指标

材料	轻钢结构猪舍	砖混结构猪舍
钢材，kg/m^2	20～30	15～25
木材，m^3/m^2	0.01～0.02	0.02～0.04
水泥，kg/m^2	80～100	120～180

11.2 种猪测定中心运行生产用水、电及饲料消耗量宜按表 3 所列指标控制。

表 3 种猪性能测定中心每个测定周期水、电、饲料消耗定额指标

项目	单位	消耗指标
水	m^3/头	3.2
电	kW·h/头	5.0
配合饲料	t/头	0.25
注：测定周期为 120 d，包括种猪隔离期、测定期和消毒空栏期。		

11.3 **主要仪器设备** 包括饲养设备、检测设备、卫生防疫设备、管理设备、环境控制设备、粪污处理设备等，见表 4。

表 4 200 头测定规模种猪性能测定中心主要仪器设备配置

序号	设备名称	规格/要求	数量，台(套)	备 注
1	饲养设备			
1.1	料槽		45	隔离猪舍和销售展示猪舍
1.2	喂料车		4	各猪舍，可选自动供料系统
2	检测设备			
2.1	自动饲喂站	±2 g	20	测定猪舍
2.2	超声波测定仪	B 型	1	
2.3	电子笼秤	±200 g	1	
3	卫生防疫设备			
3.1	兽医器具		1	
3.2	消毒防疫器械		1	
3.3	冰箱等	−18℃	1	
4	管理设备			
4.1	监测控制器		1	可选
4.2	电脑		1	
4.3	打印机		1	
4.4	档案柜		1	
5	环境控制设备		1	
5.1	防暑降温系统		3	
5.2	保温系统		3	可选
6	粪污处理设备		1	
6.1	粪尿清理手推车		3	

表 4（续）

序号	设备名称	规格/要求	数量，台(套)	备　注
6.2	高压冲洗机		2	
6.3	粪污处理设施		1	
7	其他小型设备			

11.4　项目建设工期、劳动定员及其他个性化指标：

a）种猪性能测定中心在保证工程质量的前提下，应力求缩短工期，一次建成投产。200 头测定规模种猪性能测定中心建设总工期不应超过 1 年；

b）种猪性能测定中心主任、管理部门负责人及畜牧兽医技术人员（包括测试化验员）应具有中级以上技术职称或具有中等专业以上相关学历；直接从事种猪饲养的工人应经过专业技术培训，取得技术岗位证书后持证上岗；

c）种猪性能测定中心劳动定额可按表 5 所列指标控制。

表 5　种猪性能测定中心劳动定额指标

项目	管理人员	技术人员	生产工人	合计定员
定额指标	3	2	2	7

ICS 65.040
P 35

中华人民共和国农业行业标准

NY/T 2242—2012

农业部农产品质量安全监督检验检测中心建设标准

Construction standard of supervision and testing center for quality and safety of agri-products of ministry of agriculture

2012-12-07 发布 2013-03-01 实施

中华人民共和国农业部 发布

目　次

前　言

本标准按照 GB/T 1.1—2009 给出的规则起草。

本标准由中华人民共和国农业部提出并归口。

本标准起草单位：农业部农产品质量标准研究中心、农业部工程建设服务中心、中国农业科学院农业质量标准与检测技术研究所。

本标准主要起草人：钱永忠、毛雪飞、朱智伟、俞宏军、吕军。

农业部农产品质量安全监督检验检测中心建设标准

1 范围

本标准规定了农业部农产品质量安全监督检验检测中心(简称部级质检中心)建设的基本要求。

本标准适用于部级质检中心的新建工程以及改建和扩建工程。

本标准可作为编制部级质检中心建设项目建议书、可行性研究报告和初步设计的依据。

2 规范性引用文件

下列文件对于本文件的应用是必不可少的。凡是注日期的引用文件,仅注日期的版本适用于本文件。凡是不注日期的引用文件,其最新版本(包括所有的修改单)适用于本文件。

GB 4789.1 食品安全国家标准 食品微生物学检验 总则

GB/T 13868 感官分析 建立感官分析实验室的一般导则

GB 50011 建筑抗震设计规范

GB 50016 建筑设计防火规范

GB 50189 公共建筑节能设计标准

GB 50352 民用建筑设计通则

JGJ 91 科学实验室建筑设计规范

NY/T 2.1 农业建设项目通用术语

建标[1991]708号 科研建筑工程规划面积指标

3 术语和定义

NY/T 2.1界定的以及下列术语和定义适用于本文件。

3.1

农产品质量安全 quality and safety of agri-products

农产品指来源于农业的初级产品,即在农业活动中获得的植物、动物、微生物及其产品,一般包括种植业产品、畜产品和水产品。农产品质量安全是指农产品质量符合保障人的健康、安全的要求。

3.2

农业环境 agricultural environment

影响农业生物生存和发展的各种天然的和经过人工改造的自然因素的总体,包括农业用地、用水、大气和生物等,是人类赖以生存的自然环境中的一个重要组成部分。

3.3

农业投入品 agricultural inputs

在农产品生产过程中使用或添加的种子种苗、肥料、农药、兽药、饲料及饲料添加剂等农用生产资料产品和农膜、农机、农业工程设施设备等农用工程物资产品的统称。

4 分类

按照农产品质量安全相关专业领域类型分为种植业产品、畜产品、水产品、种子种苗、农(兽)药、肥料、饲料及饲料添加剂和农业环境等部级质检中心。

5 建设规模与项目构成

5.1 建设规模

应根据农业部农产品质量安全监测、评估的工作量和能力要求确定其建设规模，根据种植业产品、畜产品、水产品、种子种苗、农（兽）药、肥料、饲料及饲料添加剂、农业环境等专业领域所涉及的质量安全因素确定检测内容。

5.2 建设原则

5.2.1 项目建设应遵守国家有关工程建设的标准和规范，执行国家节约土地、节约用水、节约能源、保护环境、消防安全等要求，符合农产品质量安全监管部门颁布的有关规定。

5.2.2 项目建设应统筹规划，与城乡发展规划以及农产品生产、加工和流通相协调，做到远近期结合。

5.2.3 项目建设水平应根据我国农业和科技发展的现状，因地制宜，做到安全可靠、技术先进、经济合理、使用方便和管理规范。

5.2.4 项目建设应与其他农业检测机构建设相协调、资源共享。

5.3 任务和功能

5.3.1 承担全国农产品质量安全风险监测、普查、例行监测、监督抽查等任务。

5.3.2 开展国内外农产品质量安全风险评估工作。

5.3.3 开展农产品检验检测技术的研发和标准的制修订工作。

5.3.4 参与国内外农产品质量安全对比分析研究和国内外交流与合作。

5.3.5 参与重大质量安全事故和纠纷的调查、鉴定及评价；为突发事件的应急响应提供技术支持。

5.3.6 接受产品合格评定、质量安全仲裁检验和其他委托检验任务。

5.3.7 为各级检测机构等提供农产品质量安全方面的技术咨询、技术支持和人员培训服务。

5.4 能力要求

5.4.1 主要具备本领域检测技术的研发能力、全过程质量安全监测能力、突发事件的应急响应能力、国际争端的调研能力以及质量安全风险隐患的排查能力。

5.4.2 检测参数能满足所在领域相应国家标准、行业标准和地方标准以及主要贸易国标准检验检测的需要，检测能力达到每年 2 万份样品。

5.4.3 检出限能满足所在领域相应参数的国家、主要贸易国和国际食品法典委员会限量标准或有关规定的要求。

5.5 项目构成

5.5.1 主要建设内容：新建项目包括实验室建筑安装工程、仪器设备和场区工程等；已有实验用房的改造项目主要包括实验室装修改造和仪器设备购置等。

5.5.2 实验室建筑安装工程 包括实验室建筑结构及装修工程、建筑设备安装工程等。实验室建筑结构及装修工程是指新建或改造实验室；建筑设备安装工程包括实验室的建筑给排水工程、采暖工程、通风和空调工程、电气工程、消防工程等以及实验室净化工程、气路系统、信息网络系统、保安监控系统等。

5.5.3 仪器设备 包括样品前处理及实验室常规设备、大型通用分析仪器、专用仪器设备、其他仪器以及相应交通工具等。各部级质检中心应设置实验室信息化管理系统。

5.5.4 场区工程 包括道路、停车场、围墙、绿化和场区综合管网等以及实验室配套的气瓶库、危险物品储存库等附属设施。

6 项目选址与总平面设计

6.1 项目选址

6.1.1 项目选址应符合当地城市规划、土地利用规划和环境保护的要求,应节约用地。

6.1.2 用地规模应按《科研建筑工程规划面积指标》的规定执行。

6.1.3 项目选址应符合科学实验工作的要求,不宜建设在居民密集区、农化生产企业周边、环境敏感区内。

6.1.4 实验室建设地点应满足交通便利、通讯畅通、供水供电有保障、工程地质结构稳定的要求。

6.2 总平面设计

6.2.1 实验室宜独立布局,不宜临近主干道和其他震动源。

6.2.2 合理利用建设场地的地形地貌,利用现有公用设施等。

6.2.3 合理布置场区综合管网,场区实行雨污分流。实验室污水应单独处理,达到排放标准。

6.2.4 危险生化品须独立处理,气瓶应合理布置,易燃易爆危险物品储存库宜设置于楼外。

6.2.5 整个场区应单独设置围墙,并设置明显的位置标识。

7 工艺流程

7.1 基本原则

项目工艺应符合实验室质量管理体系的要求,达到信息自动化管理、检测能力高通量和高精度以及未知物排查的技术水平,并符合节约用水、节约能源等环保要求及安全防护要求。

7.2 工艺流程

检测工艺流程主要包括任务的接收、样品的采集和管理、样品的检测、检测质量的控制、检验报告的签发等。详细检测工艺流程图参见附录 A。

8 仪器设备

8.1 配备原则

应具备与其功能定位和能力要求相适应的检测仪器设备,并考虑配备仪器设备的先进性、可靠性、适应性和科学性。在同等性能情况下,优先选择国产仪器设备。

8.2 配备要求

8.2.1 仪器设备基础配置见表 1,其他未列出的检测仪器设备、辅助设备等根据有关规定和实际情况确定。

表 1 仪器设备基础配置

序号	仪器设备类别	仪器设备名称	仪器设备数量,台(套)						
			种植业产品	畜产品、水产品	种子种苗	农(兽)药	肥料	饲料及饲料添加剂	农业环境
1	实验室管理系统	实验室信息化管理系统	1	1	1	1	1	1	1
2	样品前处理及实验室常规设备	冷藏冷冻设备[a]	15	15	12	12	12	12	12
3		天平[b]	15	15	10	10	10	12	12
4		干燥设备[c]	10	10	6	6	8	8	8
5		前处理设备[d]	32	32	18[e]	24[f]	22[g]	28	28
6		制水设备[h]	2～4	2～4	1～2	1～2	2～3	2～4	2～4
7		其他设备[i]	12	12	10	10	10	10	10

表 1（续）

序号	仪器设备类别	仪器设备名称	仪器设备数量，台(套)						
			种植业产品	畜产品、水产品	种子种苗	农(兽)药	肥料	饲料及饲料添加剂	农业环境
8	大型通用分析仪器	元素价态分析仪	1	1	—	—	—	1	1
9		元素分析仪	1	1	—	—	1	1	1
10		原子吸收分光光度计	2	2	—	—	2	2	2
11		原子荧光光度计	1	1	—	—	1	1	1
12		离子色谱仪	2	2	—	1	2	1	2
13		电感耦合等离子体质谱联用仪	1	1	—	—	1	—	1
14		气相色谱仪	4	4	1	3	1	3	3
15		液相色谱仪	3～4	4～6	2	3～4	2	3～4	3～4
16		气相色谱—质谱联用仪	2	2	—	2	—	1	1
17		液相色谱—质谱联用仪	3～4	4	1	2	1	1	1
18		高分辨质谱仪	1	1	—	—	—	1	1
19	专用仪器设备	显微镜	2	4	3	—	2	2	2
20		全自动菌落计数仪	1	2	—	—	1	1	1
21		种子数粒仪	1	—	4	—	—	—	—
22		基因扩增仪	2	2	4	—	—	1	—
23		电泳仪	2	2	2	—	—	1	—
24		毛细管电泳仪	—	—	2	—	—	—	—
25		凝胶图像分析系统	1	1	2	—	—	1	—
26		总有机碳/总氮分析仪	1	1	—	—	—	—	2
27		火焰光度计	—	—	—	—	2	—	1
28		定氮仪	3	3	2	—	4	3	4
29		土壤水分测定仪	1	—	2	—	3	—	3
30		电导率仪	1	1	—	—	1	—	2
31		气体检测仪	1	1	—	—	—	—	3
32		浊度计	1	1	—	—	—	—	2
33		生物需氧量测定仪/化学需氧量测定仪	2	2	—	—	—	—	4
34		溶解氧测定仪	1	1	—	—	—	—	2
35		测油仪	1	1	—	—	—	—	2
36		粗蛋白测定仪	—	1	—	—	—	2	—
37		脂肪测定仪	1	1	—	—	—	2	—
38		纤维素测定仪	1	—	—	—	—	2	—
39		氨基酸分析仪	1	1	—	—	1	2	—
40		卡尔费休水分测定仪	1	1	1	1	1	1	2
41		酶标仪	2	2	2	3	—	2	2
42	其他仪器设备	紫外可见分光光度计	2	2	2	2	2	2	2
43		旋光分析仪	1	1	—	1	—	1	—
44		流动分析仪	1	1	1	1	1	1	1
45		pH 计	6	6	4	4	6	6	6
46		自动电位滴定仪	2	2	1	1	4	2	3
47		光照培养箱、培养箱	6	6	10	—	4	6	4
48		高压灭菌锅	3	3	3	1	2	3	2
49		超净工作台	3	3	3	—	2	3	2

表 1（续）

序号	仪器设备类别	仪器设备名称	仪器设备数量，台(套)						
			种植业产品	畜产品、水产品	种子种苗	农(兽)药	肥料	饲料及饲料添加剂	农业环境
50	交通工具	采样车	1～2	1～2	1	1	1	1～2	1～2

[a] 包括冷藏箱、冰箱和超低温冰箱等。
[b] 包括百分之一天平、千分之一天平、万分之一天平和十万分之一天平等。
[c] 包括真空干燥箱、烘箱和马弗炉等。
[d] 包括分样器、样品粉碎及研磨设备、微波消解器、离心机、氮吹仪、旋转蒸发仪、固相萃取仪和快速溶剂萃取仪等。
[e] 不包括微波消解器、固相萃取仪和快速溶剂萃取仪等。
[f] 不包括微波消解器等。
[g] 不包括固相萃取仪等。
[h] 包括纯水器和超纯水器等。
[i] 包括超声波清洗器、微量移液器、紧急喷淋装置和冲眼器等。
[j] 种植业产品、畜产品、水产品、肥料、饲料及饲料添加剂和农业环境质检中心至少配备 1 台石墨炉原子吸收分光光度计。

8.2.2 实验室的实验台柜、档案柜、陈列柜等根据需要购置。

8.2.3 实验人员工作用办公设备、培训用设施设备等根据需要合理配置。

9 建设用地及规划布局

9.1 功能分区及面积

9.1.1 部级质检中心由检测实验用房、辅助用房和公用设施用房等组成。各类用房应合理安排，功能分区明确，联系方便，互不干扰。

9.1.2 实验及辅助用房由业务管理区、物品存放区、实验区和实验室保障区等组成，宜采用标准单元组合设计。

9.1.3 不同类型部级质检中心实验及辅助用房面积基本要求见表 2。类型不同、建筑结构形式不同，总建筑面积也不同。

表 2 实验及辅助用房功能分区及面积基本要求

功能区	功能室	用途及基本条件	面积，m^2					
			种植业、畜(水)产品	种子种苗	农(兽)药	肥料	饲料及饲料添加剂	农业环境
业务管理区	人员工作室	专用于中心工作人员办公，按人均 8 m^2 计，人员总数见 11.3.6 的要求	400	350	350	350	350	350
	业务接待室	用于业务和人员的接待、洽谈，配备必要的办公家具、设备等						
	接样室	用于样品接收、核对、登记，配备必要的天平、分样器等						
	档案室	用于保存检测的文件、原始记录等资料，配备必要的家具、设备、专用消防器材等						
	培训室	用于内部和外部人员培训，配备可以同时满足 20 人以上培训所必要的会议设备、家具及信息化设备等						

表 2（续）

功能区	功能室	用途及基本条件	面积，m^2					
			种植业、畜（水）产品	种子种苗	农（兽）药	肥料	饲料及饲料添加剂	农业环境
物品存放区	更衣室	用于内部和外部人员进出实验室时的更衣、清洁、消毒等，配备必要的更衣、清洗、消毒设施和设备	150	150	150	150	150	150
	样品室	用于样品保存，配备必要的贮存设施、低温或恒温设备等						
	标准物质室	用于标准物质保存，标准溶液的配制、标定，室温能控制在20℃左右，配备必要的贮存设施、低温或恒温设备等						
	试剂储存室	用于储存备用化学试剂，配备通风设施、防爆灯、消防砂和灭火器等						
	冷库	用于大批量样品或物品的低温贮存，配备制冷和保温成套设备、消防设备和缓冲区等，可另选址就近建设						
实验区	样品前处理室	用于实验样品前处理，配备样品粉碎及研磨设备、微波消解器、离心机、氮吹仪、旋转蒸发仪、固相萃取仪、快速溶剂萃取仪等；安装8套以上通风橱及其他必要的通风设施	220	150	180	180	200	200
	天平室	用于集中放置和使用天平，宜设置缓冲间和减震设施，并配备必要的恒温、恒湿设备等	40	30	30	30	30	30
	高温设备室	用于放置烘箱、马弗炉等，配备必要的耐热试验台、通风设备等	50	30	30	40	40	40
	感官评价室	用于农产品感官品质鉴定	50	—	—	—	—	—
	生物学检测室	用于农产品分子生物学检测和微生物污染及疫病检验等	150	—	—	80	120	80
	转基因检测室	用于检测转基因成分，应符合负压实验室要求	—	120	—	—	—	—
	理化分析及小型仪器室	主要用于理化分析及其他小型仪器设备的放置和使用，如总有机碳/总氮分析仪、定氮仪、流动分析仪、pH计、自动电位滴定仪、电导率仪、粗蛋白测定仪、脂肪测定仪、纤维素测定仪、氨基酸分析仪、卡尔费休水分测定仪、土壤水分测量仪、浊度计、气体检测仪、生物需氧量测定仪、溶解氧测定仪、测油仪等	150	60	60	100	100	140
	光谱分析室	主要用于元素分析，配备原子吸收分光光度计、原子荧光光度计、元素价态分析仪、火焰光度计等	120	—	—	100	120	120
	电感耦合等离子体质谱联用仪室	主要用于元素分析，放置电感耦合等离子体质谱联用仪，要求洁净度达千级	20	—	—	20	—	20
	色谱分析室	主要用于农（兽）药残留等的测定，配备气相色谱、液相色谱或色谱—质谱联用仪等，配备必要的通风设施	300	80	200	100	180	200

表 2（续）

<table>
<tr><th rowspan="2">功能区</th><th rowspan="2">功能室</th><th rowspan="2">用途及基本条件</th><th colspan="6">面积，m²</th></tr>
<tr><th>种植业、畜(水)产品</th><th>种子种苗</th><th>农(兽)药</th><th>肥料</th><th>饲料及饲料添加剂</th><th>农业环境</th></tr>
<tr><td rowspan="4">实验室保障区</td><td>制水室</td><td>用于制备实验用水</td><td rowspan="4">100</td><td rowspan="4">100</td><td rowspan="4">100</td><td rowspan="4">100</td><td rowspan="4">100</td><td rowspan="4">100</td></tr>
<tr><td>供气室</td><td>用于集中供气系统或气瓶的放置，提供实验用氮气、氩气、氢气、乙炔等气体</td></tr>
<tr><td>网络机房</td><td>用于放置实验室信息化管理系统的服务器、交换机、不间断电源等设备</td></tr>
<tr><td>清洗室</td><td>用于实验器皿、设备等物品的清洗，配备必要的清洗设备、用具、用品</td></tr>
<tr><td rowspan="2">总计</td><td colspan="2">使用面积</td><td>1 750</td><td>1 070</td><td>1 100</td><td>1 250</td><td>1 390</td><td>1 430</td></tr>
<tr><td colspan="2">建筑面积</td><td>2 300</td><td>1 400</td><td>1 400</td><td>1 600</td><td>1 800</td><td>1 900</td></tr>
<tr><td colspan="9">注 1：实验室各功能室的建设可按需求予以适当合并、拆分或命名。
注 2：建筑面积按照使用面积的约 1.3 倍进行估算。</td></tr>
</table>

9.2 建筑及装修工程

9.2.1 实验室建筑设计及装修工程应满足 JGJ 91 有关科学实验室建筑设计的一般规范要求。

9.2.2 业务管理区与物品存放区、实验区和实验室保障区应有效隔离。互有影响会干扰检测结果的实验室之间应有效隔离，防止交叉污染。

9.2.3 涉及低、微危害性微生物检测的部级质检中心应达到生物安全 2 级实验室的有关要求，设置必要的安全防护措施。

9.2.4 实验及辅助用房走道的地面及楼梯面层应坚实耐磨、防水、防滑、不起尘、不积尘，墙面应光洁、无眩光、防潮、不起尘、不积尘，顶棚应光洁、无眩光、不起尘、不积尘。

9.2.5 实验室层高按照通风、空调、净化等设施设备的需要确定，设置空调净化实验室的净高不宜小于 2.4m。特殊实验室根据需要集中设置技术夹层。

9.2.6 微生物实验室应符合 GB 4789.1 的要求。

9.2.7 感官评价室应符合 GB/T 13868 的要求。

9.2.8 电感耦合等离子体质谱联用仪等特殊实验室装修按照相关要求执行。

9.2.9 实验楼宜设置电梯。

9.3 建筑结构工程

9.3.1 实验室建筑宜采用现浇钢筋混凝土结构。

9.3.2 建筑抗震设防类别应为 GB 50011 的丙类。

9.3.3 按照 GB 50352 的规定，结构设计使用年限 50 年。

9.4 建筑设备安装工程

9.4.1 实验室的采暖、通风、空调系统的设计应满足相应实验室的仪器设备运行和检测方法的温度、湿度及其他环境条件的要求。

9.4.2 实验室供电负荷等级不低于 GB 50189 的Ⅲ级，专用设备应根据其要求设置稳压器或不间断电源。

9.4.3 实验室的水电气线路及管道、通风系统布局合理，符合检测流程和安全要求。

9.4.4 使用强酸、强碱的实验室地面应具有耐酸、碱和腐蚀的性能，用水较多的实验室地面应设地漏。

9.4.5 按 GB 50016 的规定,建筑防火类别为戊类,建筑耐火等级不低于二级。大型精密贵重仪器设备所在实验室应采用气体灭火装置。

9.5 附属设施

气瓶库、危险物品储存库等附属设施的设计按照有关规定执行,符合安全、防护、疏散和环境保护的要求。

10 节能节水与环境保护

10.1 建筑节能设计应按照 GB 50189 及其他有关节能设计标准执行。

10.2 仪器设备应考虑节能、节水要求。

10.3 实验废液、废渣、废气的排放应符合有关规定,合理处置。

11 主要技术及经济指标

11.1 项目建设投资

11.1.1 投资构成

包括建筑工程投资、仪器设备购置费、工程建设其他费和预备费等。各部级质检中心总投资估算指标见表 3。

表 3 建设项目总投资估算表

序号	项目名称	项目主要内容	投资估算	备 注
1	建筑工程投资	包括实验室建筑安装工程和场区工程投资	2 500 元/m² ~3 500 元/m²	详见表 4
2	仪器设备购置	见 5.5.3	970 万元~4 120 万元	详见表 5
3	工程建设其他费	前期调研、可行性研究报告编制咨询费、勘察设计费、建设单位管理费、监理费、招投标代理费以及各地方的规费等	360 元/m² ~600 元/m²	
4	预备费	用于预备建设工程中不可预见的投资	490 元/m² ~1 090 元/m²	按前三项投资的 5%估算
注:估算指标以新建实验室建筑面积为基数。				

11.1.2 建筑工程投资

建筑工程内容和投资估算指标见表 4。具体估算方法按照当地的工程造价定额和指标执行。

表 4 建筑工程投资经济指标估算表

序号	项目名称	项目主要内容	投资估算 元/m²	备 注
1	建筑安装工程费	见 5.5.2	2 200~3 000	实验室净化要求高、面积大,投资额度应相应提高
2	场区工程费	见 5.5.4	300~500	
合 计			2 500~3 500	
注:估算指标以新建实验室建筑面积为基数。				

11.1.3 仪器设备购置费

仪器设备购置经济指标见表 5。

表 5　仪器设备购置基本经济指标估算表

单位为万元

序号	仪器设备类别	购置费						
		种植业产品	畜产品、水产品	种子种苗	农(兽)药	肥料	饲料及饲料添加剂	农业环境
1	实验室管理系统	40～60						
2	样品前处理及实验室常规设备	300～420	300～420	110～170	230～310	240～330	280～380	270～380
3	大型通用分析仪器	1 900～2 780	2 140～2 880	310～410	900～1 250	660～850	1 350～1 770	1 350～1 770
4	专用仪器设备	390～480	430～540	390～500	40～60	260～330	460～570	280～380
5	其他仪器设备	100～140	100～140	90～140	70～90	110～140	100～140	100～130
6	交通工具	20～50	20～50	20～25	20～25	20～25	20～50	20～50
总　计		2 750～3 930	3 030～4 090	960～1 305	1 300～1 795	1 330～1 735	2 250～2 970	2 060～2 770
注:表中所列经济指标仅为标准制定时的市场平均参考价格,具体价格以招标采购时实际中标价格为准,其中进口仪器设备购置费为不含税价格。								

11.2　建设工期

项目建设工期按照建筑工程的工期、进口或国产仪器设备的购置安装工期确定,通常为 15 个月～18 个月。

11.3　劳动定员

11.3.1　从事农产品质量安全检测的技术人员应具有相关专业中专以上学历,并经省级以上人民政府农业行政主管部门考核合格。

11.3.2　技术负责人和质量负责人应具备高级专业技术职称或同等能力,并从事农产品质量安全相关工作 8 年以上。

11.3.3　综合管理部门负责人应具备中级及以上专业技术职称或同等能力,熟悉检测业务,具有一定组织协调能力。

11.3.4　检测部门负责人应具备中级及以上专业技术职称或同等能力,5 年以上检测工作经历,熟悉本专业检测业务,具有一定管理能力。

11.3.5　从事计量检定和种子、动植物检疫等法律法规另有规定的检验人员,须有相关部门的资格证明。

11.3.6　种植业产品、畜产品、水产品等部级质检中心的技术人员和管理人员总数不宜少于 25 人;种子种苗、肥料、农(兽)药、饲料及饲料添加剂、农业环境等部级质检中心的技术人员和管理人员总数不宜少于 15 人。

附 录 A
(资料性附录)
检测工艺流程图

检测工艺流程见图 A.1。

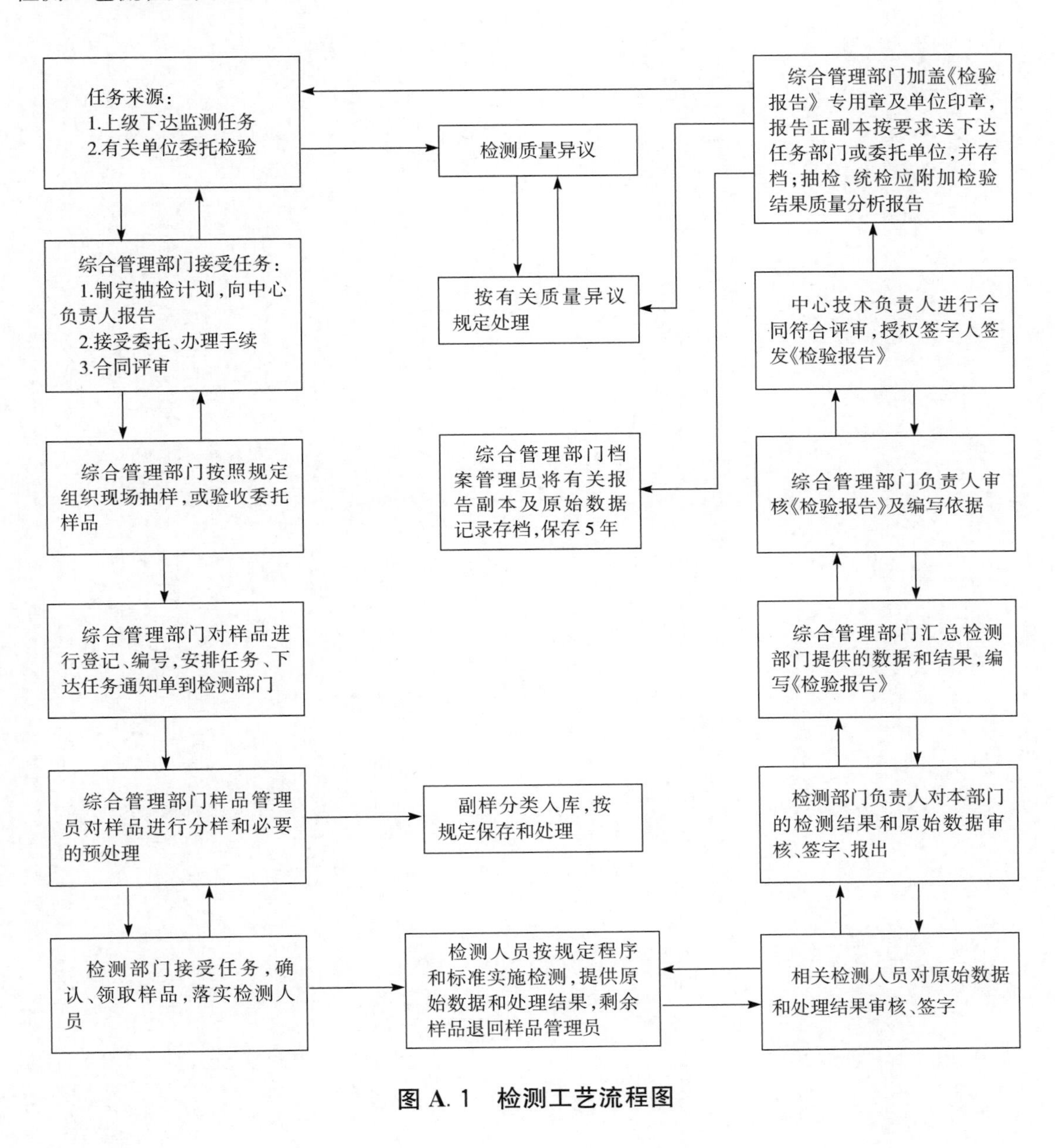

图 A.1 检测工艺流程图

ICS 65.040
P 35

中华人民共和国农业行业标准

NY/T 2243—2012

省级农产品质量安全监督检验检测中心建设标准

Construction standard of supervision and testing center for quality and safety of agri-products at provincial level

2012-12-07 发布　　　　2013-03-01 实施

中华人民共和国农业部　发布

目　次

前　言

本标准按照 GB/T 1.1—2009 给出的规则起草。

本标准由中华人民共和国农业部提出并归口。

本标准起草单位:农业部农产品质量标准研究中心、农业部工程建设服务中心、中国农业科学院农业质量标准与检测技术研究所。

本标准主要起草人：钱永忠、毛雪飞、俞宏军、朱智伟、吕军。

省级农产品质量安全监督检验检测中心建设标准

1 范围

本标准规定了省级农产品质量安全监督检验检测中心(简称省级质检中心)建设的基本要求。

本标准适用于省级质检中心的新建工程以及改建和扩建工程。

本标准可作为编制省级质检中心建设项目建议书、可行性研究报告和初步设计的依据。

2 规范性引用文件

下列文件对于本文件的应用是必不可少的。凡是注日期的引用文件,仅注日期的版本适用于本文件。凡是不注日期的引用文件,其最新版本(包括所有的修改单)适用于本文件。

GB 4789.1 食品安全国家标准 食品微生物学检验 总则

GB/T 13868 感官分析 建立感官分析实验室的一般导则

GB 50011 建筑抗震设计规范

GB 50016 建筑设计防火规范

GB 50189 公共建筑节能设计标准

GB 50352 民用建筑设计通则

JGJ 91 科学实验室建筑设计规范

NY/T 2.1 农业建设项目通用术语

建标[1991]708号 科研建筑工程规划面积指标

3 术语和定义

NY/T 2.1界定的以及下列术语和定义适用于本文件。

3.1

农产品质量安全 quality and safety of agri-products

农产品指来源于农业的初级产品,即在农业活动中获得的植物、动物、微生物及其产品,一般包括种植业产品、畜产品和水产品。农产品质量安全是指农产品质量符合保障人的健康、安全的要求。

3.2

农业环境 agricultural environment

影响农业生物生存和发展的各种天然的和经过人工改造的自然因素的总体,包括农业用地、用水、大气和生物等,是人类赖以生存的自然环境中的一个重要组成部分。

3.3

农业投入品 agricultural inputs

在农产品生产过程中使用或添加的种子、种苗、肥料、农药、兽药、饲料及饲料添加剂等农用生产资料产品和农膜、农机、农业工程设施设备等农用工程物资产品的统称。

4 建设规模与项目构成

4.1 建设规模

应根据本省(自治区、直辖市)及计划单列市行政区域内(简称本区域)实施农产品质量安全监测、评价等工作量和能力确定其建设规模,根据种植业产品、畜产品、水产品、农业环境、种子种苗、农(兽)药、肥料、饲料及饲料添加剂等领域所涉及的质量安全因素确定检测内容。

4.2 建设原则

4.2.1 项目建设应遵守国家有关工程建设的标准和规范，执行国家节约土地、节约用水、节约能源、保护环境、消防安全等要求，符合农产品质量安全监管部门颁布的有关规定。

4.2.2 项目建设应统筹规划，与城乡发展规划以及农产品生产、加工和流通相协调，做到远近期结合。

4.2.3 项目建设水平应根据本区域农业和科技发展的现状，因地制宜，做到安全可靠、技术先进、经济合理、使用方便和管理规范。

4.2.4 项目建设应与其他农业检测机构建设相协调、资源共享。

4.3 任务和功能

4.3.1 负责本区域农产品质量安全例行监测和监督抽查检测等工作。

4.3.2 承担上级行业行政主管部门委托的农产品质量安全监测工作。

4.3.3 承担产地认定检验、评价鉴定检验和其他委托检验。

4.3.4 开展农产品质量安全标准的制修订和标准验证等工作。

4.3.5 负责本区域农产品质量安全检测机构的技术指导和培训工作。

4.3.6 负责本区域农产品质量安全方面的技术咨询、技术服务等工作。

4.3.7 负责本区域农产品质量安全风险监测和预警分析工作。

4.4 能力要求

4.4.1 以定量检测为主，检出限能满足国家和国际食品法典委员会相应参数的限量标准要求。

4.4.2 检测规模能力达到每年20万项次～30万项次。

4.4.3 农药多残留检测水平达到一次进样检测150种成分以上。

4.5 项目构成

4.5.1 主要建设内容：新建项目包括实验室建筑安装工程、仪器设备和场区工程等。已有实验用房的改造项目主要包括实验室装修改造和仪器设备购置等。

4.5.2 实验室建筑安装工程：包括实验室建筑结构及装修工程、建筑设备安装工程等。实验室建筑结构及装修工程是指新建或改造实验室；建筑设备安装工程包括实验室的建筑给排水工程、采暖工程、通风和空调工程、电气工程、消防工程等以及实验室净化工程、气路系统、信息网络系统、保安监控系统等。

4.5.3 仪器设备：包括样品前处理及实验室常规设备、大型通用分析仪器、农业环境分析仪器设备、种子和微生物常用仪器设备、品质分析及其他仪器设备以及相应的交通工具等。省级质检中心应设置实验室信息化管理系统。

4.5.4 场区工程：包括道路、停车场、围墙、绿化和场区综合管网等，以及实验室配套的气瓶库、危险物品储存库等附属设施。

5 项目选址与总平面设计

5.1 项目选址

5.1.1 项目选址应符合当地城市规划、土地利用规划和环境保护的要求，应节约用地。

5.1.2 用地规模应按《科研建筑工程规划面积指标》的规定执行。

5.1.3 项目选址应符合科学实验工作的要求，不宜建设在居民密集区、农化生产企业周边、环境敏感区内。

5.1.4 实验室建设地点应满足交通便利、通讯畅通、供水供电有保障、工程地质结构稳定的要求。

5.2 总平面设计

5.2.1 实验室应独立布局，不宜临近主干道和其他震动源。

5.2.2 合理利用建设场地的地形地貌,利用现有公用设施等。

5.2.3 合理布置场区综合管网,场区实行雨污分流。实验室污水应单独处理,达到排放标准。

5.2.4 危险生化品须独立处理,气瓶应合理布置,易燃易爆危险物品储存库宜设置于楼外。

5.2.5 整个场区宜单独设置围墙,并应设置明显的位置标识。

6 工艺流程

6.1 基本原则

项目工艺应符合实验室质量管理体系的要求,达到信息自动化管理、检测能力高通量和高精度的技术水平,并符合节约用水、节约能源等环保要求及安全防护要求。

6.2 工艺流程

检测工艺流程主要包括任务的接收、样品的采集和管理、样品的检测、检测质量的控制、检验报告的签发等。详细检测工艺流程图参见附录A。

7 仪器设备

7.1 配备原则

应具备与其功能定位和能力要求相适应的检测仪器设备,并考虑配备仪器设备的先进性、可靠性、适应性和科学性。在同等性能情况下,优先选择国产仪器设备。

7.2 配备要求

7.2.1 仪器设备基础配置见表1,其他未列出的检测仪器设备、辅助设备等根据有关规定和实际情况确定。

表1 仪器设备基础配置

序号	仪器设备类别	仪器设备名称	仪器设备数量 台(套)
1	实验室管理系统	实验室信息化管理系统	1
2	样品前处理及实验室常规设备	冷藏冷冻设备[a]	10~20
3		天平[b]	15
4		干燥设备[c]	10
5		前处理设备[d]	32
6		制水设备[e]	3~4
7		其他设备[f]	15
8	大型通用分析仪器	元素价态分析仪	1
9		原子吸收分光光度计[g]	2
10		原子荧光光度计	1
11		离子色谱仪	2
12		电感耦合等离子体发射光谱仪	1
13		电感耦合等离子体质谱联用仪	1
14		气相色谱仪	4~6
15		液相色谱仪	6~8
16		气相色谱—质谱联用仪	2~3
17		液相色谱—质谱联用仪	3~4

表 1 （续）

序号	仪器设备类别	仪器设备名称	仪器设备数量 台(套)
18	农业环境 分析仪器设备	定氮仪[h]	3
19		火焰光度计	1
20		总有机碳/总氮分析仪	1
21		生物需氧量测定仪/化学需氧量测定仪	3
22		气体检测仪、溶解氧测定仪、浊度计、测油仪、土壤水分测定仪等	10
23	种子、微生物 常用仪器设备	显微镜	2
24		全自动菌落计数仪	1
25		基因扩增仪	2
26		电泳仪	2
27		凝胶图像分析系统	1
28		种子数粒仪、种子水分测定仪	5
29		光照培养箱、高压灭菌锅、培养箱、超净工作台、生物安全柜等	15
30	品质分析及 其他仪器设备	粗蛋白测定仪	1
31		脂肪测定仪	1
32		纤维素测定仪	1
33		氨基酸分析仪	1
34		元素分析仪	1
35		紫外可见分光光度计	4
36		旋光分析仪	2
37		流动分析仪	1
38		自动电位滴定仪	2
39		卡尔费休水分测定仪	1
40		pH 计、电导率仪、酶标仪等	8
41	交通工具	采样车	3

[a] 包括冷藏箱、冰箱和超低温冰箱等。
[b] 包括百分之一天平、千分之一天平、万分之一天平和十万分之一天平等。
[c] 包括真空干燥箱、烘箱和马弗炉等。
[d] 包括分样器、样品粉碎及研磨设备、微波消解器、离心机、氮吹仪、旋转蒸发仪、固相萃取仪、快速溶剂萃取仪和凝胶渗透色谱净化系统等。
[e] 包括纯水器、超纯水器等。
[f] 包括超声波清洗器、微量移液器、紧急喷淋装置和冲眼器等。
[g] 至少配备 1 台石墨炉原子吸收分光光度计。
[h] 可用于农业环境、农产品、饲料等含氮量的测定。

7.2.2 实验室的实验台柜、档案柜、陈列柜等根据需要购置。

7.2.3 实验人员工作用办公设备、培训用设施设备等根据需要合理配置。

8 建设用地及规划布局

8.1 功能分区及面积

8.1.1 省级质检中心由检测实验用房、辅助用房和公用设施用房等组成。各类用房应合理安排，功能分区明确，联系方便，互不干扰。

8.1.2 实验及辅助用房由业务管理区、物品存放区、实验区和实验室保障区等组成，宜采用标准单元组合设计。

8.1.3 省级质检中心实验及辅助用房面积基本要求见表 2。功能布局不同、建筑结构形式不同，总建筑面积也不同。

表 2　实验及辅助用房功能分区及面积基本要求

功能区	功能室	用途及基本条件	面积 m^2
业务管理区	人员工作室	专用于中心工作人员办公，按人均 $8m^2$ 计，人员总数见 10.3.6	600
	业务接待室	用于业务和人员的接待、洽谈，配备必要的办公家具、设备等	
	接样室	用于样品接收、核对、登记，配备必要的天平、分样器等	
	档案室	用于保存检测的文件、原始记录等资料，配备必要的家具、设备、专用消防器材等	
	培训室	用于内部和外部人员培训，配备可以同时满足 20 人以上培训所必要的会议设备、家具及信息化设备等	
物品存放区	更衣室	用于内部和外部人员进出实验室时的更衣、清洁、消毒等，配备必要的更衣、清洗、消毒设施和设备	200
	样品室	用于样品保存，配备必要的贮存设施、低温或恒温设备等	
	标准物质室	用于标准物质保存，标准溶液的配制、标定，室温能控制在 20℃ 左右，配备必要的贮存设施、低温或恒温设备等	
	试剂储存室	用于储存备用化学试剂，配备通风设施、防爆灯、消防砂、灭火器等	
	冷库	用于大批量样品或物品的低温贮存，配备制冷和保温成套设备、消防设备和缓冲区等，可另选址就近建设	
实验区	样品前处理室	用于实验样品前处理，配备样品粉碎及研磨设备、微波消解器、离心机、氮吹仪、旋转蒸发仪、固相萃取仪、快速溶剂萃取仪、凝胶渗透色谱净化系统等；安装 8 套以上通风橱及其他必要的通风设施	250
	天平室	用于集中存放和使用天平，宜设置缓冲间和减震设施，并配备必要的恒温、恒湿设备等	40
	高温设备室	用于放置烘箱、马弗炉等，配备必要耐热试验台、通风设备等	40
	感官评价室	用于农产品感官品质评价	50
	微生物检测室	用于农产品微生物污染以及疫病检验等	120
	环境检测室	用于常见农业环境污染物的检测，配备总有机碳/总氮分析仪、生物需氧量测定仪/化学需氧量测定仪、气体检测仪、溶解氧测定仪、浊度计、测油仪等现场监测和常规环境检测仪器设备	100
	种子检测室	用于种子质量检测，配备种子净度、水分、活力、纯度、真实性等检测仪器设备	100
	土肥检测室	用于土壤肥力、肥料质量的检测，配备定氮仪、火焰光度计、土壤水分测定仪等	100
	饲料检测室	用于饲料质量检测，配备粗蛋白测定仪、脂肪仪、纤维素分析仪、氨基酸分析仪等	100
	农(兽)药实验室	专用于农(兽)药前处理、理化指标测定等，配备气相色谱、液相色谱等，配备必要的通风设施	150
	光谱分析室	主要用于元素及价态分析，配备原子吸收分光光度计、原子荧光光度计、元素价态分析仪、电感耦合等离子体发射光谱仪等，配备必要的通风设施	120
	电感耦合等离子体质谱联用仪室	专用于放置电感耦合等离子体质谱联用仪，配备必要的通风、净化设施设备，要求洁净度达千级	20
	色谱分析室	主要用于农(兽)药残留等的测定，配备气相色谱、液相色谱或色谱-质谱联用仪等，配备必要的通风设施	260
实验室保障区	制水室	用于制备实验用水	100
	供气室	用于集中供气系统或气瓶的放置，提供实验用氮气、氩气、氢气、乙炔等气体	
	网络机房	用于放置实验室信息化管理系统的服务器、交换机、不间断电源等设备	
	洗涤室	用于实验器皿、设备等物品的清洗，配备必要的清洗设备、用具、用品	

表2（续）

功能区	功能室	用途及基本条件	面积 m²
总计	使用面积		2 350
	建筑面积		3 000
注1:实验室各功能室的建设可按需求予以适当合并、拆分或命名。 注2:建筑面积按照使用面积的约1.3倍进行估算。			

8.2 建筑及装修工程

8.2.1 实验室建筑设计及装修工程应满足JGJ 91有关科学实验室建筑设计的一般规范要求。

8.2.2 业务管理区与物品存放区、实验区和实验室保障区应有效隔离。互有影响会干扰检测结果的实验室之间应有效隔离,防止交叉污染。

8.2.3 涉及低、微危害性微生物检测的省级质检中心应达到生物安全2级实验室的有关要求,应设置安全防护措施。

8.2.4 实验及辅助用房走道的地面及楼梯面层应坚实耐磨、防水、防滑、不起尘、不积尘,墙面应光洁、无眩光、防潮、不起尘、不积尘,顶棚应光洁、无眩光、不起尘、不积尘。

8.2.5 实验室层高按照通风、空调、净化等设施设备的需要确定,设置空调的实验室净高不宜小于2.4 m。特殊实验室根据需要集中设置技术夹层。

8.2.6 微生物检测室应符合GB 4789.1的要求。

8.2.7 感官评价室应符合GB/T 13868的要求。

8.2.8 电感耦合等离子体质谱联用仪等特殊实验室装修按照相关要求执行。

8.2.9 实验楼宜设置电梯。

8.3 建筑结构工程

8.3.1 实验室建筑宜采用现浇钢筋混凝土结构。

8.3.2 建筑抗震设防类别应为GB 50011的丙类。

8.3.3 按照GB 50352的规定,结构设计使用年限50年。

8.4 建筑设备安装工程

8.4.1 实验室的采暖、通风、空调系统的设计应满足相应实验室的仪器设备运行和检测方法的温度、湿度及其他环境条件的要求。

8.4.2 实验室供电负荷等级不低于GB 50189的Ⅲ级,专用设备应根据其要求设置稳压器或不间断电源。

8.4.3 实验室的水电气线路及管道、通风系统布局合理,符合检测流程和安全要求。

8.4.4 使用强酸、强碱的实验室地面应具有耐酸、碱和腐蚀的性能,用水较多的实验室地面应设地漏。

8.4.5 按GB 50016的规定,建筑防火类别为戊类,建筑耐火等级不低于二级。大型精密贵重仪器设备所在实验室应采用气体灭火装置。

8.5 附属设施

气瓶库、危险物品储存库等附属设施的设计按照有关规定执行,符合安全、防护、疏散和环境保护的要求。

9 节能节水与环境保护

9.1 建筑节能设计应按照GB 50189及其他有关节能设计标准的规定执行。

9.2 仪器设备应考虑节能、节水要求。

9.3 实验废液、废渣、废气的排放应符合有关规定，合理处置。

10 主要技术及经济指标

10.1 项目建设投资

10.1.1 投资构成

包括建筑工程投资、仪器设备购置费、工程建设其他费和预备费等。省级质检中心总投资估算指标见表3。

表3 建设项目总投资估算表

序号	项目名称	项目主要内容	投资估算	备　注
1	建筑工程投资	包括实验室建筑安装工程和场区工程投资	2 500 元/m² ～3 500 元/m²	详见表4
2	仪器设备购置	见4.5.3	2 690 万元～4 165 万元	详见表5
3	工程建设其他费	前期调研、可行性研究报告编制咨询费、勘察设计费、建设单位管理费、监理费、招投标代理费，以及各地方的规费等	360 元/m² ～600 元/m²	
4	预备费	用于预备建设工程中不可预见的投资	590 元/m² ～900 元/m²	按前三项投资的5%估算
注：估算指标以新建实验室建筑面积为基数。				

10.1.2 建筑工程投资

建筑工程内容和投资估算指标见表4。具体估算方法按照当地的工程造价定额和指标执行。

表4 建筑工程投资经济指标估算表

序号	项目名称	项目主要内容	投资估算，元/m²	备　注
1	建筑安装工程费	见4.5.2	2 200～3 000	实验室净化要求高、面积大，投资额度应相应提高
2	场区工程费	见4.5.4	300～500	
总计			2 500～3 500	
注：估算指标以新建实验室建筑面积为基数。				

10.1.3 仪器设备购置费

仪器设备购置经济指标见表5。

表5 仪器设备购置基本经济指标估算表

序号	仪器设备类别	数量 台(套)	购置费 万元
1	实验室管理系统	1	40～60
2	样品前处理及实验室常规设备	85～96	340～490
3	大型通用分析仪器	23～29	1 640～2 750
4	农业环境分析仪器设备	18	160～220
5	种子、微生物常用仪器设备	28	180～230
6	品质分析及其他仪器设备	23	270～340
7	交通工具	3	60～75
总　计		181～198	2 690～4 165
注：表中所列经济指标仅为标准制定时的市场平均参考价格，具体价格以招标采购时实际中标价格为准，其中进口仪器设备购置费为不含税价格。			

10.2 建设工期

项目建设工期按照建筑工程的工期、进口或国产仪器设备的购置安装工期确定，通常为15个月～18个月。

10.3 劳动定员

10.3.1 从事农产品质量安全检测的技术人员应具有相关专业中专以上学历,并经省级以上人民政府农业行政主管部门考核合格。

10.3.2 技术负责人和质量负责人应具备高级专业技术职称或同等能力,并从事农产品质量安全相关工作5年以上。

10.3.3 综合管理部门负责人应具备中级及以上专业技术职称或同等能力,熟悉检测业务,具有一定组织协调能力。

10.3.4 检测部门负责人应具备中级及以上专业技术职称或同等能力,5年以上检测工作经历,熟悉本专业检测业务,具有一定管理能力。

10.3.5 从事计量检定和种子、动植物检疫等法律法规另有规定的检验人员,须有相关部门的资格证明。

10.3.6 技术人员和管理人员总数不宜少于50人。

附 录 A
（资料性附录）
检测工艺流程图

检测工艺流程见图 A.1。

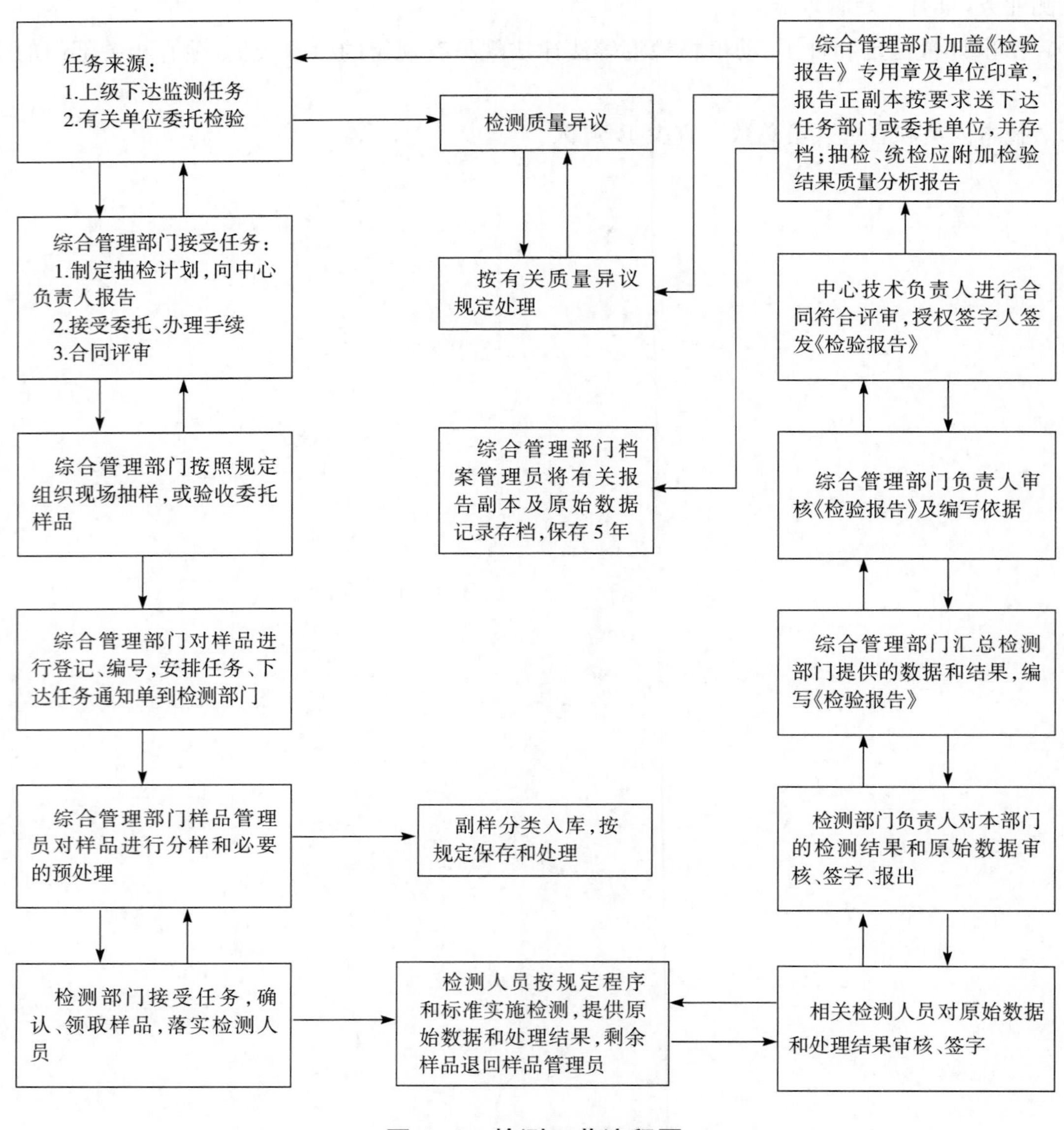

图 A.1 检测工艺流程图

ICS 65.040
P 35

中华人民共和国农业行业标准

NY/T 2244—2012

地市级农产品质量安全监督检验检测机构建设标准

Construction standard of supervision and testing center for quality and safety of agri-products at municipal level

2012-12-07 发布　　2013-03-01 实施

中华人民共和国农业部　发布

目　次

前　言

本标准按照 GB/T 1.1—2009 给出的规则起草。

本标准由中华人民共和国农业部提出并归口。

本标准起草单位：农业部农产品质量标准研究中心、农业部工程建设服务中心、中国农业科学院农业质量标准与检测技术研究所。

本标准主要起草人：钱永忠、毛雪飞、俞宏军、朱智伟、吕军。

地市级农产品质量安全监督检验检测机构建设标准

1 范围

本标准规定了地市级农产品质量安全监督检验检测机构(简称地市级质检机构)建设的基本要求。

本标准适用于地市级质检机构的新建工程以及改建和扩建工程。

本标准可作为编制地市级质检机构建设项目建议书、可行性研究报告和初步设计的依据。

2 规范性引用文件

下列文件对于本文件的应用是必不可少的。凡是注日期的引用文件,仅注日期的版本适用于本文件。凡是不注日期的引用文件,其最新版本(包括所有的修改单)适用于本文件。

GB 4789.1 食品安全国家标准 食品微生物学检验 总则

GB/T 13868 感官分析 建立感官分析实验室的一般导则

GB 50011 建筑抗震设计规范

GB 50016 建筑设计防火规范

GB 50189 公共建筑节能设计标准

GB 50352 民用建筑设计通则

JGJ 91 科学实验室建筑设计规范

NY/T 2.1 农业建设项目通用术语

建标[1991]708号 科研建筑工程规划面积指标

3 术语和定义

NY/T 2.1界定的以及下列术语和定义适用于本文件。

3.1

农产品质量安全 quality and safety of agri-products

农产品指来源于农业的初级产品,即在农业活动中获得的植物、动物、微生物及其产品,一般包括种植业产品、畜产品和水产品。农产品质量安全是指农产品质量符合保障人的健康、安全的要求。

3.2

农业环境 agricultural environment

影响农业生物生存和发展的各种天然的和经过人工改造的自然因素的总体,包括农业用地、用水、大气和生物等,是人类赖以生存的自然环境中的一个重要组成部分。

3.3

农业投入品 agricultural inputs

在农产品生产过程中使用或添加的种子种苗、肥料、农药、兽药、饲料及饲料添加剂等农用生产资料产品和农膜、农机、农业工程设施设备等农用工程物资产品的统称。

4 建设规模与项目构成

4.1 建设规模

应根据本地区、自治州、盟或地级市、区行政区域内(简称本区域)农产品质量安全抽检、监督抽查检测、复检等工作量确定其建设规模,根据种植业产品、畜产品、水产品、农业环境、种子种苗、农(兽)药、肥料、饲料及饲料添加剂等领域所涉及的质量安全因素确定检测内容。

省会城市农产品质量安全监督检验检测机构参照地市级质检机构,建设规模可适当增加。

4.2 建设原则

4.2.1 项目建设应遵守国家有关工程建设的标准和规范,执行国家节约土地、节约用水、节约能源、保护环境、消防安全等要求,符合农产品质量安全监管部门制定颁布的有关规定。

4.2.2 项目建设应统筹规划,与城乡发展规划以及农产品生产、加工和流通相协调,做到远近期结合。

4.2.3 项目建设水平应根据当地农业和科技发展的现状,因地制宜,做到安全可靠、技术先进、经济合理、使用方便和管理规范。

4.2.4 项目建设应与其他农业检测机构建设相协调、资源共享。

4.3 任务和功能

4.3.1 负责本区域农产品质量安全抽检、监督抽查检测、复检等工作。

4.3.2 承担上级行业行政主管部门委托的农产品质量安全监测工作。

4.3.3 承担本区域农业生产组织、农产品流通组织(含批发市场和配送中心)的检测技术支持以及各类委托检验任务。

4.3.4 负责县级及以下检测机构的技术指导。

4.3.5 承担本区域农产品质量安全方面的标准宣贯、技术咨询等服务工作。

4.4 能力要求

4.4.1 以定量检测为主,重点配置高灵敏、高精度检测仪器设备;兼备现场快速检测能力。

4.4.2 能够满足本区域主导农产品、农业投入品及农业环境的质量安全监管相关检测需要。

4.4.3 检出限能满足国家相应参数的限量标准要求。

4.4.4 检测能力达到每年 8 万项次~10 万项次。

4.5 项目构成

4.5.1 主要建设内容:新建项目包括实验室建筑安装工程、仪器设备和场区工程等。已有实验用房的改造项目主要包括实验室装修改造和仪器设备购置等。

4.5.2 实验室建筑安装工程:包括实验室建筑结构及装修工程、建筑设备安装工程等。实验室建筑结构及装修工程是指新建或改造实验室;建筑设备安装工程包括实验室的建筑给排水工程、采暖工程、通风和空调工程、电气工程、消防工程等以及实验室净化系统、信息网络系统、保安监控系统等。

4.5.3 仪器设备:包括样品前处理及实验室常规设备、大型通用分析仪器、专用检测仪器设备、快速检测仪器设备、其他仪器设备以及相应的交通工具等。

4.5.4 场区工程:包括道路、停车场、围墙、绿化和场区综合管网等,宜独立设置实验室配套的气瓶库、危险物品储存库等附属设施。

5 项目选址与总平面设计

5.1 项目选址

5.1.1 项目选址应符合当地城市规划、土地利用规划和环境保护的要求,应节约用地。

5.1.2 用地规模参照《科研建筑工程规划面积指标》的规定执行。

5.1.3 项目选址应符合科学实验工作的要求,不宜建设在居民密集区、农化生产企业周边、环境敏感区内。

5.1.4 实验室建设地点应满足交通便利、通讯畅通、供水供电有保障、工程地质结构稳定的要求。

5.2 总平面设计

5.2.1 实验室宜独立布局。

5.2.2 合理利用建设场地的地形地貌，利用现有公用设施等。

5.2.3 合理布置场区综合管网，场区实行雨污分流。实验室污水应单独处理，达到排放标准。

5.2.4 危险生化品、气瓶以及有关易燃易爆危险物品设专柜储存，防盗、防爆、防泄漏。

5.2.5 整个场区应单独设置围墙，并设置明显的位置标识。

6 工艺流程

6.1 基本原则

项目工艺应符合实验室质量管理体系的要求，达到检测能力高通量和高精度的技术水平，并符合节约用水、节约能源等环保要求及安全防护要求。

6.2 工艺流程

检测工艺流程主要包括任务的接收、样品的采集和管理、样品的检测、检测质量的控制、检验报告的签发等。详细检测工艺流程图参见附录A。

7 仪器设备

7.1 配备原则

应具备与其功能定位和能力要求相适应的检测仪器设备，并考虑配备仪器设备的先进性、可靠性、适应性和科学性。在同等性能情况下，优先选择国产仪器设备。

7.2 配备要求

7.2.1 仪器设备基础配置见表1，其他未列出的检测仪器设备、辅助设备等根据有关规定和实际情况确定。

表1 仪器设备基础配置

序号	仪器设备类别	仪器设备名称	仪器设备数量，台(套)
1	样品前处理及实验室常规设备	冷藏冷冻设备[a]	10
2		天平[b]	12
3		干燥设备[c]	8
4		前处理设备[d]	25
5		制水设备[e]	4
6		其他设备[f]	10
7	大型通用分析仪器	元素价态分析仪	1
8		原子吸收分光光度计[g]	2
9		原子荧光光度计	1
10		离子色谱仪	1
11		气相色谱仪	2～3
12		液相色谱仪	3～4
13		气相色谱-质谱联用仪	2
14		液相色谱-质谱联用仪	2
15	专用检测仪器设备	定氮仪[h]	2
16		总有机碳/总氮分析仪	1
17		电导率仪	1
18		土壤水分测定仪	2
19		生物需氧量测定仪	1
20		溶解氧测定仪	1

表 1 (续)

序号	仪器设备类别	仪器设备名称	仪器设备数量,台(套)
21	专用检测仪器设备	浊度计	1
22		测油仪	1
23		显微镜	2
24		全自动菌落分析仪	1
25		酶标仪	2
26		粗蛋白测定仪	1
27		脂肪测定仪	1
28		纤维素测定仪	1
29	快速检测仪器设备	农药残毒速测仪	4～6
30		兽药残留检测仪	4～6
31		生物毒素速测仪	2
32		乳成分测定仪	3
33		其他快速检测仪器设备	4～6
34	其他仪器设备	紫外分光光度计、旋光分析仪	2～3
35		自动电位滴定仪	2
36		pH 计	4
37		培养箱	2
38		高压灭菌锅	2
39		超净工作台、生物安全柜	4
40	交通工具	采样车	1

[a] 包括冷藏箱、冰箱和超低温冰箱等。
[b] 包括百分之一天平、千分之一天平、万分之一天平和十万分之一天平等。
[c] 包括真空干燥箱、烘箱和马弗炉等。
[d] 包括分样器、样品粉碎及研磨设备、微波消解器、全自动样品消解工作站、离心机、氮吹仪、旋转蒸发仪、固相萃取仪和快速溶剂萃取仪等。
[e] 包括纯水器、超纯水器等。
[f] 包括超声波清洗器、微量移液器、紧急喷淋装置和冲眼器等。
[g] 至少配备 1 台石墨炉原子吸收分光光度计。
[h] 可用于农业环境、农产品和饲料等含氮量的测定。

7.2.2 实验室的实验台柜、档案柜、陈列柜等根据需要购置。

7.2.3 实验人员工作用办公设备、培训用设施设备等根据需要合理配置。

8 建设用地及规划布局

8.1 功能分区及面积

8.1.1 地市级质检机构由检测实验用房、辅助用房和公用设施用房等组成。各类用房应合理安排、功能分区明确、联系方便、互不干扰。

8.1.2 实验及辅助用房由业务管理区、物品存放区、实验区和实验室保障区等组成,宜采用标准单元组合设计。

8.1.3 地市级质检机构实验及辅助用房面积基本要求见表 2。功能布局不同、建筑结构形式不同,总建筑面积也不同。

表 2 实验及辅助用房功能分区和面积基本要求

功能区	功能室	用途及基本条件	面积，m^2
业务管理区	人员工作室	专用于质检机构工作人员办公，按人均 6 m^2 计，人员总数见 10.3.6	300
	业务接待室	用于业务和人员的接待、洽谈，配备必要的办公家具、设备等	
	接样室	用于样品接收、核对、登记，配备必要的天平、分样器等	
	档案室	用于保存检测的文件、原始记录等资料，配备必要的家具、设备、专用消防器材等	
	培训室	用于内部和外部人员培训，配备可以同时满足 20 人以上培训所必要的会议设备、家具及信息化设备等	
物品存放区	更衣室	用于内部和外部人员进出实验室时的更衣、清洁、消毒等，配备必要的更衣、清洗、消毒设施和设备	90
	样品室	用于样品保存，配备必要的贮存设施、低温或恒温设备等	
	标准物质室	用于标准物质保存，标准溶液的配制、标定，室温能控制在 20℃左右，配备必要的贮存设施、低温或恒温设备等	
	试剂储存室	用于储存备用化学试剂，配备通风设施、防爆灯、消防砂和灭火器等	
实验区	样品前处理室	用于实验样品前处理，配备样品粉碎及研磨设备、微波消解器、全自动样品消解工作站、离心机、氮吹仪、旋转蒸发仪、固相萃取仪、快速溶剂萃取仪等；安装 6 套以上通风橱及其他必要的通风设施	150
	天平室	用于集中存放和使用天平，宜设置缓冲间和减震设施，并配备必要的恒温、恒湿设备等	30
	高温设备室	用于放置烘箱、马弗炉等，配备必要耐热试验台、通风设备等	30
	感官评价室	用于农产品感官品质评价	30
	快速检测室	用于农产品质量安全快速检测，配备农药残毒、兽药残留、生物毒素等快速检测仪器设备	60
	微生物检测室	用于农产品微生物污染及疫病检验等	60
	环境检测室	用于常见农业环境污染物的检测，配备总有机碳/总氮分析仪、生物需氧量测定仪、溶解氧测定仪、浊度计、测油仪等现场监测和常规环境检测仪器设备	60
	种子检测室	用于种子质量检测，配备种子净度、水分、活力、纯度、真实性等检测仪器设备	60
	土肥检测室	用于土壤肥力、肥料质量的检测，配备定氮仪和土壤水分测定仪等	60
	饲料检测室	用于饲料质量检测，配备粗蛋白测定仪、脂肪仪、纤维素分析仪、氨基酸分析仪等	60
	光谱分析室	主要用于元素及价态分析，配备原子吸收分光光度计、原子荧光光度计、元素价态分析仪等，配备必要的通风设施	90
	色谱分析室	主要用于农(兽)药残留等的测定，配备气相色谱、液相色谱或色谱—质谱联用仪等，配备必要的通风设施	150
实验室保障区	制水室	用于制备实验用水	60
	供气室	用于集中供气系统或气瓶的放置，提供实验用氮气、氩气、氢气、乙炔等气体	
	洗涤室	用于实验器皿、设备等物品的清洗，配备必要的清洗设备、用具、用品	
总计	使用面积		1 290
	建筑面积		1 700

注 1：实验室各功能室的建设可按需求予以适当合并、拆分或命名。

注 2：建筑面积按照使用面积的约 1.3 倍进行估算。

8.2 建筑及装修工程

8.2.1 实验室建筑设计及装修工程应满足 JGJ 91 有关科学实验室建筑设计的一般规范要求。

8.2.2 业务管理区与物品存放区、实验区和实验室保障区应有效隔离。互有影响会干扰检测结果的实验室之间应有效隔离，防止交叉污染。

8.2.3 涉及低、微危害性微生物检测的地市级质检机构应达到生物安全2级实验室的有关要求，应设置安全防护措施。

8.2.4 实验及辅助用房走道的地面及楼梯面层应坚实耐磨、防水、防滑、不起尘、不积尘，墙面应光洁、无眩光、防潮、不起尘、不积尘，顶棚应光洁、无眩光、不起尘、不积尘。

8.2.5 实验室层高按照通风、空调、净化等设施设备的需要确定，设置空调的实验室净高不宜小于2.4 m，但不超过3.0 m。

8.2.6 微生物检测室应符合GB 4789.1的要求。

8.2.7 感官评价室应符合GB/T 13868的要求。

8.2.8 电感耦合等离子体质谱联用仪等特殊实验室装修按照相关要求执行。

8.2.9 实验楼宜设置电梯。

8.3 建筑结构工程

8.3.1 实验室建筑宜采用现浇钢筋混凝土结构。

8.3.2 建筑抗震设防类别应为GB 50011的丙类。

8.3.3 按照GB 50352的规定，结构设计使用年限50年。

8.4 建筑设备安装工程

8.4.1 实验室的采暖、通风、空调系统的设计应满足相应实验室的仪器设备运行和检测方法的温度、湿度及其他环境条件的要求。

8.4.2 实验室供电负荷等级不低于GB 50189的Ⅲ级，专用设备应根据其要求设置稳压器或不间断电源。

8.4.3 实验室的水电气线路及管道、通风系统布局合理，符合检测流程和安全要求。

8.4.4 使用强酸、强碱的实验室地面应具有耐酸、碱和腐蚀的性能，用水较多的实验室地面应设地漏。

8.4.5 按GB 50016的规定，建筑防火类别为戊类，建筑耐火等级不低于二级。大型精密贵重仪器设备所在实验室应采用气体灭火装置。

8.5 附属设施

设置独立气瓶库、危险物品储存库等附属设施的应按照有关规定进行设计、建造和维护，符合安全、防护、疏散和环境保护的要求。

9 节能节水与环境保护

9.1 建筑节能设计应按照GB 50189及其他有关节能设计标准执行。

9.2 仪器设备应考虑节能、节水要求。

9.3 实验废液、废渣、废气的排放应符合有关规定，合理处置。

10 主要技术及经济指标

10.1 项目建设投资

10.1.1 投资构成：包括建筑工程投资、仪器设备购置费、工程建设其他费和预备费等。地市级质检机构总投资估算指标见表3。

表3 建设项目总投资估算表

序号	项目名称	项目主要内容	投资估算	备注
1	建筑工程投资	包括实验室建筑安装工程和场区工程投资	2 300元/m^2～3 300元/m^2	详见表4
2	仪器设备购置	见4.5.3	1 480万元～2 005万元	详见表5

表 3（续）

序号	项目名称	项目主要内容	投资估算	备注
3	工程建设其他费	前期调研、可行性研究报告编制咨询费、勘察设计费、建设单位管理费、监理费、招投标代理费以及各地方的规费等	360 元/m^2～600 元/m^2	
4	预备费	用于预备建设工程中不可预见的投资	570 元/m^2～780 元/m^2	按前三项投资的 5%估算
注：估算指标以新建实验室建筑面积为基数。				

10.1.2 建筑工程投资：建筑工程内容和投资估算指标见表 4。具体估算方法按照当地的工程造价定额和指标执行。

表 4 建筑工程投资经济指标估算表

序号	项目名称	项目主要内容	投资估算 元/m^2	备 注
1	建筑安装工程费	见 4.5.2	2 000～2 800	实验室净化要求高、面积大，投资额度应相应提高
2	场区工程费	见 4.5.4	300～500	
总 计			2 300～3 300	
注：估算指标以新建实验室建筑面积为基数。				

10.1.3 仪器设备购置费：仪器设备购置经济指标见表 5。

表 5 仪器设备购置基本经济指标估算表

序号	仪器设备类别	数量 台(套)	购置费 万元
1	样品前处理及实验室常规设备	69	260～340
2	大型通用分析仪器	14～16	860～1 110
3	专用检测仪器设备	18	210～260
4	快速检测仪器设备	17～23	70～160
5	其他仪器设备	16～17	60～110
6	交通工具	1	20～25
总计		135～144	1 480～2 005
注：表中所列经济指标仅为标准制定时的市场平均参考价格，具体价格以招标采购时实际中标价格为准，其中进口仪器设备购置费为不含税价格。			

10.2 建设工期

项目建设工期按照建筑工程的工期、进口或国产仪器设备的购置安装工期确定，通常为 15 个月～18 个月。

10.3 劳动定员

10.3.1 从事农产品质量安全检测的技术人员应具有相关专业中专以上学历，并经省级以上人民政府农业行政主管部门考核合格。

10.3.2 技术负责人和质量负责人应具备高级专业技术职称或同等能力，并从事农产品质量安全相关工作 5 年以上。

10.3.3 综合管理部门负责人应具备中级及以上专业技术职称或同等能力，熟悉检测业务，具有一定组织协调能力。

10.3.4 检测部门负责人应具备中级及以上专业技术职称或同等能力，5年以上检测工作经历，熟悉本专业检测业务，具有一定管理能力。

10.3.5 从事计量检定和种子、动植物检疫等法律法规另有规定的检验人员，须有相关部门的资格证明。

10.3.6 技术人员和管理人员总数15人～25人。

附 录 A
(资料性附录)
检测工艺流程图

检测工艺流程见图 A.1。

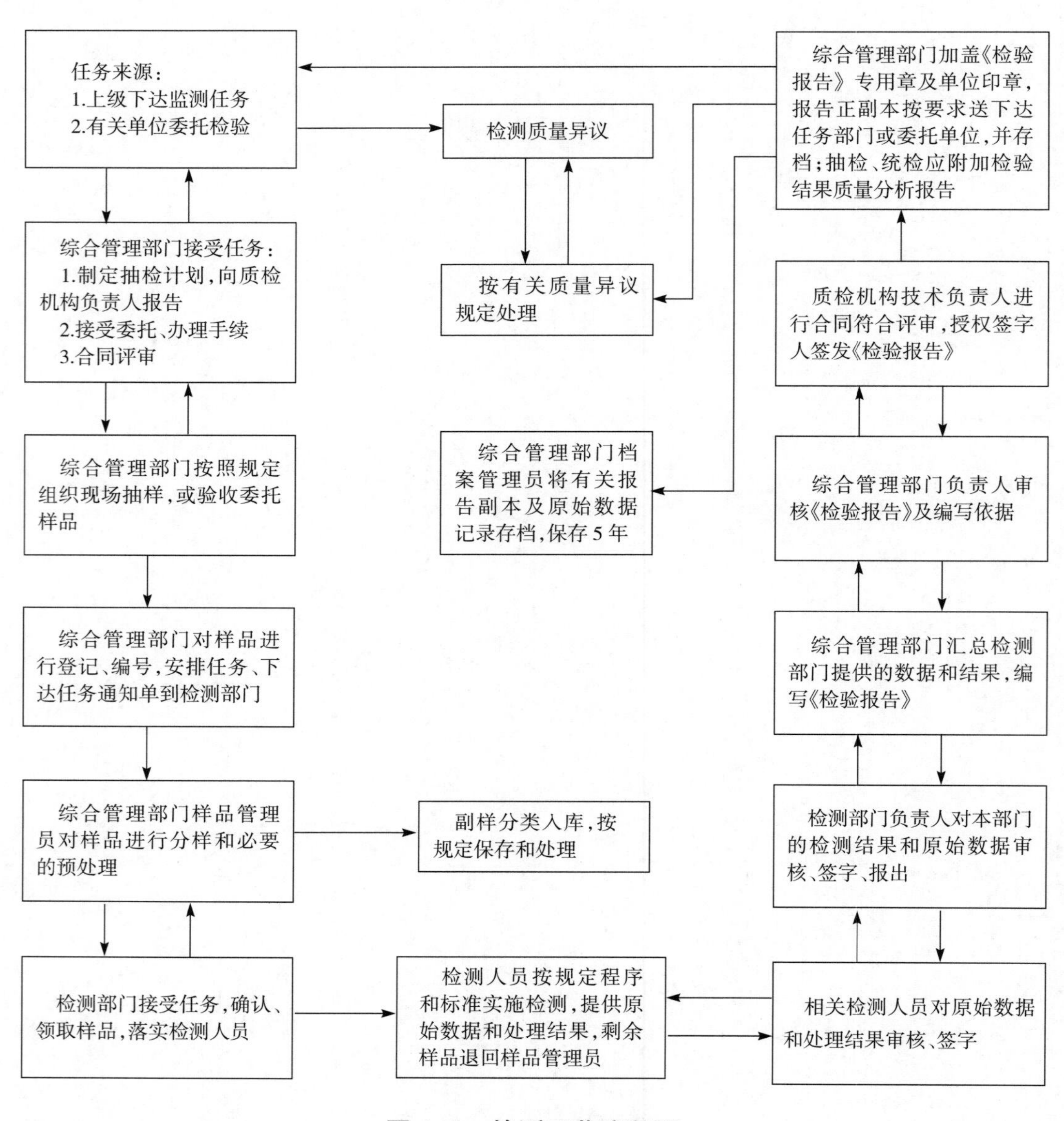

图 A.1 检测工艺流程图

ICS 65.040
P 35

中华人民共和国农业行业标准

NY/T 2245—2012

县级农产品质量安全监督检测机构建设标准

Construction standard of supervision and testing station for quality and safety of agri-products at county level

2012-12-07 发布　　　　2013-03-01 实施

中华人民共和国农业部　发布

目　次

前　言

本标准按照 GB/T 1.1—2009 给出的规则起草。

本标准由中华人民共和国农业部提出并归口。

本标准起草单位:农业部农产品质量标准研究中心、农业部工程建设服务中心、中国农业科学院农业质量标准与检测技术研究所。

本标准主要起草人:毛雪飞、钱永忠、朱智伟、俞宏军、吕军、黄亚涛、李朋颖。

县级农产品质量安全监督检测机构建设标准

1 范围

本标准规定了县级农产品质量安全监督检测机构(县级质检机构)建设的基本要求。

本标准适用于县级质检机构的新建工程以及改建和扩建工程。

本标准可作为编制县级质检机构建设项目建议书、可行性研究报告和初步设计的依据。

2 规范性引用文件

下列文件对于本文件的应用是必不可少的。凡是注日期的引用文件,仅注日期的版本适用于本文件。凡是不注日期的引用文件,其最新版本(包括所有的修改单)适用于本文件。

GB 50011 建筑抗震设计规范

GB 50016 建筑设计防火规范

GB 50189 公共建筑节能设计标准

GB 50352 民用建筑设计通则

JGJ 91 科学实验室建筑设计规范

NY/T 2.1 农业建设项目通用术语

建标[1991]708号 科研建筑工程规划面积指标

3 术语和定义

NY/T 2.1界定的以及下列术语和定义适用于本文件。

3.1

农产品质量安全 quality and safety of agri-products

农产品指来源于农业的初级产品,即在农业活动中获得的植物、动物、微生物及其产品,一般包括种植业产品、畜产品和水产品。农产品质量安全是指农产品质量符合保障人的健康、安全的要求。

3.2

农业环境 agricultural environment

影响农业生物生存和发展的各种天然的和经过人工改造的自然因素的总体,包括农业用地、用水、大气和生物等,是人类赖以生存的自然环境中的一个重要组成部分。

3.3

农业投入品 agricultural inputs

在农产品生产过程中使用或添加的种子、种苗、肥料、农药、兽药、饲料及饲料添加剂等农用生产资料产品和农膜、农机、农业工程设施设备等农用工程物资产品的统称。

4 建设规模与项目构成

4.1 建设规模

应根据本县、自治县、旗或自治旗及县级市、区、镇、街道等行政区域内(简称本区域)农产品质量安全日常性检测等工作量确定其建设规模,检测内容包括种植业产品、畜产品、水产品、农业环境和农业投入品等。

4.2 建设原则

4.2.1 项目建设应遵守国家有关工程建设的标准和规范，执行国家节约土地、节约用水、节约能源、保护环境、消防安全等要求，符合农产品质量安全监管部门制定颁布的有关规定。

4.2.2 项目建设应统筹规划，与城乡发展规划、农产品生产、加工、流通相协调，做到远近期结合。

4.2.3 项目建设水平应根据当地农业和科技发展的现状，因地制宜，做到安全可靠、技术先进、经济合理、使用方便和管理规范。

4.2.4 项目建设应与其他农业检测机构建设相协调、资源共享。

4.3 任务和功能

4.3.1 负责本区域农产品质量安全的日常性检测工作。

4.3.2 负责本区域乡镇农产品质量安全监管站、农产品生产基地、农贸市场等的技术指导工作。

4.3.3 协助承担上级农业行政主管部门开展农产品质量安全监测工作。

4.3.4 承担本区域广大农民和农产品生产者在质量安全方面的标准宣贯和技术培训、技术咨询等服务工作。

4.4 能力要求

4.4.1 以现场快速检测和环境、土壤监测为主，兼顾农产品中主要污染物和重要禁、限用农(兽)药残留的定量检测。

4.4.2 具备在本区域进行流动检测的能力。

4.4.3 年检测样品量应能满足本区域主导农产品、农业投入品及农业环境的质量安全监管基本需要，检测能力达到每年1万项次～3万项次；检出限能满足相应参数国家限量标准要求。

4.5 项目构成

4.5.1 主要建设内容：新建项目包括实验室建筑安装工程、仪器设备和场区工程等。已有实验用房的改造项目主要包括实验室装修改造和仪器设备购置等。

4.5.2 实验室建筑安装工程：包括实验室建筑结构及装修工程、建筑设备安装工程等。实验室建筑结构及装修工程是指新建或改造实验室；建筑设备安装工程包括实验室的建筑给排水工程、采暖工程、通风和空调工程、电气工程、消防工程等，宜设置信息网络系统、保安监控系统等。

4.5.3 仪器设备：包括样品前处理及实验室常规设备、大型通用分析仪器、现场快速检测仪器设备、其他仪器设备以及相应的交通工具等。

4.5.4 场区工程：包括道路、停车场、围墙、绿化和场区综合管网等，宜独立设置实验室配套的气瓶库、危险物品储存库等附属设施。

5 项目选址与总平面设计

5.1 项目选址

5.1.1 项目选址应符合当地城市规划、土地利用规划和环境保护的要求，应节约用地。

5.1.2 用地规模参照《科研建筑工程规划面积指标》的规定执行。

5.1.3 项目选址应符合科学实验工作的要求，不宜建设在居民密集区、农化生产企业周边、环境敏感区内。

5.1.4 实验室建设地点应满足交通便利、通讯畅通、供水供电有保障、工程地质结构稳定的要求。

5.2 总平面设计

5.2.1 实验室宜独立布局。

5.2.2 合理利用建设场地的地形地貌，利用现有公用设施等。

5.2.3 合理布置场区综合管网，场区实行雨污分流。实验室污水应单独处理，达到排放标准。

5.2.4 危险生化品、气瓶以及有关易燃易爆危险物品设专柜储存,防盗、防爆、防泄漏。

5.2.5 整个场区应单独设置围墙,并设置明显的位置标识。

6 工艺流程

6.1 基本原则

项目工艺应符合实验室质量管理体系的要求,达到快速和常规检测技术能力水平,并符合节约用水、节约能源等环保要求及安全防护要求。

6.2 工艺流程

检测工艺流程主要包括任务的接收、样品的采集和管理、样品的检测、检测质量的控制、检验报告的签发等。详细检测工艺流程图参见附录A。

7 仪器设备

7.1 配备原则

7.1.1 应具备与其功能定位和能力要求相适应的检测仪器设备,并考虑配备仪器设备的先进性、可靠性、适应性和科学性。在同等性能情况下,优先选择国产仪器设备。

7.1.2 一类县主要以开展现场快速检测、指导地方农业生产为目的,宜配备农产品安全检测、农业生产和农业生态环境监测所需的基本设备,以样品前处理、快速检测仪器设备和移动检测设备为主。

7.1.3 二类县以做好优势农产品监管为目的,在一类县的基础上,宜进一步配备定量检测和确证性检测设备。

7.2 配备要求

7.2.1 仪器设备基础配置见表1,其他未列出的检测仪器设备、辅助设备等根据有关规定和实际情况确定。

表1 仪器设备基础配置

序号	仪器设备类别	仪器设备名称	数量 台(套)
1	样品前处理及实验室常规设备	冷藏冷冻设备[a]	6
2		天平[b]	6
3		干燥设备[c]	6
4		前处理设备[d]	20
5		制水设备[e]	1～2
6		其他设备[f]	8
7	大型通用分析仪器	石墨炉原子吸收分光光度计	1
8		原子荧光光度计	1
9		气相色谱仪	1～2
10		液相色谱仪	1～2
11	现场快速检测仪器设备	农药残毒速测仪	3
12		兽药残留检测仪	2～5
13		生物毒素速测仪	3
14		土壤测试仪	2
15		农业环境现场监测仪器设备	2
16		乳成分测定仪	3
17		其他快速检测仪器设备	3
18		流动检测车[g]	1

表 1（续）

序号	仪器设备类别	仪器设备名称	数量 台(套)
19	其他仪器设备	紫外可见分光光度计	1
20		pH 计、电位滴定仪	4
21		酶标仪	1
22		其他常规及小型仪器设备	3
23	交通工具	采样车	1

[a] 包括冷藏箱和冰箱等。
[b] 包括百分之一天平、千分之一天平和万分之一天平等。
[c] 包括真空干燥箱、烘箱和马弗炉等。
[d] 包括分样器、样品粉碎及研磨设备、消解装置、离心机、氮吹仪、旋转蒸发仪和固相萃取装置等。
[e] 包括纯水器和超纯水器等。
[f] 包括超声波清洗器、微量移液器、紧急喷淋装置和冲眼器等。
[g] 配备必要的现场快速检测仪器设备。

7.2.2 实验室的实验台柜、档案柜、陈列柜等根据需要购置。

7.2.3 实验人员工作用办公设备、培训用设施设备等根据需要合理配置。

8 建设用地及规划布局

8.1 功能分区及面积

8.1.1 县级质检机构由检测实验用房、辅助用房和公用设施用房等组成。各类用房应合理安排、功能分区明确、联系方便、互不干扰。

8.1.2 实验及辅助用房由业务管理区、物品存放区、实验区、实验室保障区等组成，宜采用标准单元组合设计。

8.1.3 县级质检机构实验及辅助用房面积基本要求见表 2。功能布局不同、建筑结构形式不同，总建筑面积不同。

表 2 实验及辅助用房功能分区和面积基本要求

功能区	功能室	用途及基本条件	面积 m^2
业务管理区	人员工作室	专用于质检机构工作人员办公，按人均 6 m^2 计，人员总数见 10.3.4	130
	业务室	用于业务和人员的接待、洽谈，样品的接收、核对、登记，配备必要的办公家具、天平、分样器等	
	档案室	用于保存检测的文件、原始记录等资料，配备必要的家具、设备、专用消防器材等	
	培训室	用于内部和外部人员培训，配备可以同时满足 10 人以上培训所必要的会议设备、家具及信息化设备等	
物品存放区	样品室	用于样品保存，配备必要的贮存设施、低温或恒温设备等	40
	标准物质室	用于标准物质保存，标准溶液的配制、标定，室温能控制在 20℃左右，配备必要的贮存设施、低温或恒温设备等	
	试剂储存室	用于储存备用化学试剂，配备通风设施、防爆灯、消防砂和灭火器等	
实验区	样品前处理室	用于实验样品前处理，配备样品粉碎及研磨设备、消解装置、离心机、氮吹仪、旋转蒸发仪和固相萃取装置等；安装 3 套以上通风橱及其他必要的通风设施	80
	天平室	用于集中存放和使用天平，可设置缓冲间和减震设施，并配备必要的恒温、恒湿设备等	15

表 2（续）

<table>
<tr><th>功能区</th><th>功能室</th><th>用途及基本条件</th><th>面积
m^2</th></tr>
<tr><td rowspan="5">实验区</td><td>高温设备室</td><td>用于放置烘箱、马弗炉等，配备必要耐热试验台、通风设备等</td><td>20</td></tr>
<tr><td>速测室</td><td>配备检测农（兽）药残留的快速检测仪，另配备流动检测车</td><td>30</td></tr>
<tr><td>环境检测室</td><td>主要用于农业环境的快速检测，配备测土配方设备、环境现场监测设备等</td><td>30</td></tr>
<tr><td>重金属检测室</td><td>主要用于检测砷、汞、铅、镉等常见重金属，配备石墨炉原子吸收分光光度计、原子荧光光度计等，配备必要的通风设施</td><td>35</td></tr>
<tr><td>色谱分析室</td><td>主要用于农（兽）药残留等的确证性检测，配备气相色谱、液相色谱等，配备必要的通风设施</td><td>50</td></tr>
<tr><td rowspan="3">实验室保障区</td><td>制水室</td><td>用于制备实验用水</td><td rowspan="3">40</td></tr>
<tr><td>供气室</td><td>用于集中供气系统或气瓶的放置，提供实验用氮气、氩气、氢气、乙炔等气体</td></tr>
<tr><td>洗涤室</td><td>用于实验器皿、设备等物品的清洗，配备必要的清洗设备、用具、用品</td></tr>
<tr><td rowspan="2">总计</td><td colspan="2">使用面积</td><td>470</td></tr>
<tr><td colspan="2">建筑面积</td><td>600</td></tr>
<tr><td colspan="4">注 1：实验室各功能室的建设可按需求予以适当合并、拆分或命名。
注 2：建筑面积按照使用面积的约 1.3 倍进行估算。</td></tr>
</table>

8.2 建筑及装修工程

8.2.1 实验室建筑设计及装修工程应满足 JGJ 91 有关科学实验室建筑设计的一般规范要求。

8.2.2 业务管理区与物品存放区、实验区和实验室保障区应有效隔离。互有影响会干扰检测结果的实验室之间应有效隔离，防止交叉污染。

8.2.3 实验及辅助用房走道的地面及楼梯面层应坚实耐磨、防水、防滑、不起尘、不积尘，墙面应光洁、无眩光、防潮、不起尘、不积尘，顶棚应光洁、无眩光、不起尘、不积尘。

8.2.4 实验室层高按照通风、空调等设施设备需要确定，设置空调的实验室净高不宜小于 2.4 m，但不超过 3.0 m。

8.3 建筑结构工程

8.3.1 实验室建筑宜采用现浇钢筋混凝土结构。

8.3.2 建筑抗震设防类别应为 GB 50011 的丙类。

8.3.3 按照 GB 50352 的规定，结构设计使用年限 50 年。

8.4 建筑设备安装工程

8.4.1 实验室的采暖、通风、空调系统的设计应满足相应实验室的仪器设备运行和检测方法的温度、湿度及其他环境条件的要求。

8.4.2 实验室供电负荷等级不低于 GB 50189 的Ⅲ级，专用设备应根据其要求设置稳压器或不间断电源。

8.4.3 实验室的水电线路及通风布局应符合检测流程和安全要求。

8.4.4 使用强酸、强碱的实验室地面应具有耐酸、碱和腐蚀的性能，用水较多的实验室地面应设地漏。

8.4.5 按 GB 50016 的规定，建筑防火类别为戊类，建筑耐火等级不低于二级。

8.5 附属设施

设置独立气瓶室、危险物品储存库等附属设施的应按照有关规定进行设计、建造和维护，符合安全、防护、疏散和环境保护的要求。

9 节能节水与环境保护

9.1 建筑节能设计应按照 GB 50189 及其他有关节能设计标准执行。

9.2 仪器设备应考虑节能、节水要求。

9.3 实验废液、废渣、废气的排放应符合有关规定。

10 主要技术及经济指标

10.1 项目建设投资

10.1.1 投资构成:包括建筑工程投资、仪器设备购置费、工程建设其他费和预备费等。县级质检机构总投资估算指标见表3。

表3 建设项目总投资估算表

序号	项目名称	项目主要内容	投资估算指标	备注
1	建筑工程投资	包括实验室建筑安装工程和场区工程投资	2 300 元/m^2～3 000 元/m^2	详见表4
2	仪器设备购置	见4.5.3	260 万元～410 万元	详见表5
3	工程建设其他费	前期调研、可行性研究报告编制咨询费、勘察设计费、建设单位管理费、监理费、招投标代理费,以及各地方的规费等	360 元/m^2～600 元/m^2	
4	预备费	用于预备建设工程中不可预见的投资	350 元/m^2～540 元/m^2	按前三项投资的5%估算
注:估算指标以新建实验室建筑面积为基数。				

10.1.2 建筑工程投资:建筑工程内容和投资估算指标见表4。具体估算方法按照当地的工程造价定额和指标执行。

表4 建筑工程投资经济指标估算表

序号	项目名称	项目主要内容	投资估算 元/m^2	备注
1	建筑安装工程费	见4.5.2	2 000～2 500	
2	场区工程费	见4.5.4	300～500	
总　　计			2 300～3 000	
注:估算指标以新建实验室建筑面积为基数。				

10.1.3 仪器设备购置费:仪器设备购置经济指标见表5。

表5 仪器设备购置基本经济指标估算表

序号	仪器设备类别	数量 台(套)	购置费 万元
1	样品前处理及实验室常规设备	46～47	60～85
2	大型通用分析仪器	4～6	75～140
3	现场快速检测仪器设备	18～21	80～125
4	其他仪器设备	9	30～40
5	交通工具	1	15～20
总　　计		78～84	260～410
注:表中所列经济指标仅为标准制定时的市场平均参考价格,具体价格以招标采购时实际中标价格为准,其中进口仪器设备购置费为不含税价格。			

10.2 建设工期

项目建设工期按照建筑工程的工期、进口或国产仪器设备的购置安装工期确定，通常为 15 个月～18 个月。

10.3 劳动定员

10.3.1 从事农产品质量安全检测的技术人员应具有相关专业中专以上学历，并经省级以上人民政府农业行政主管部门考核合格。

10.3.2 技术负责人和质量负责人应具有中级及以上专业技术职称或同等能力，并从事农产品质量安全相关工作 5 年以上。

10.3.3 从事计量检定和种子、动植物检疫等法律法规另有规定的检验人员，须有相关部门的资格证明。

10.3.4 技术人员和管理人员总数 10 人～15 人。

附　录　A
（资料性附录）
检测工艺流程图

检测工艺流程见图 A.1。

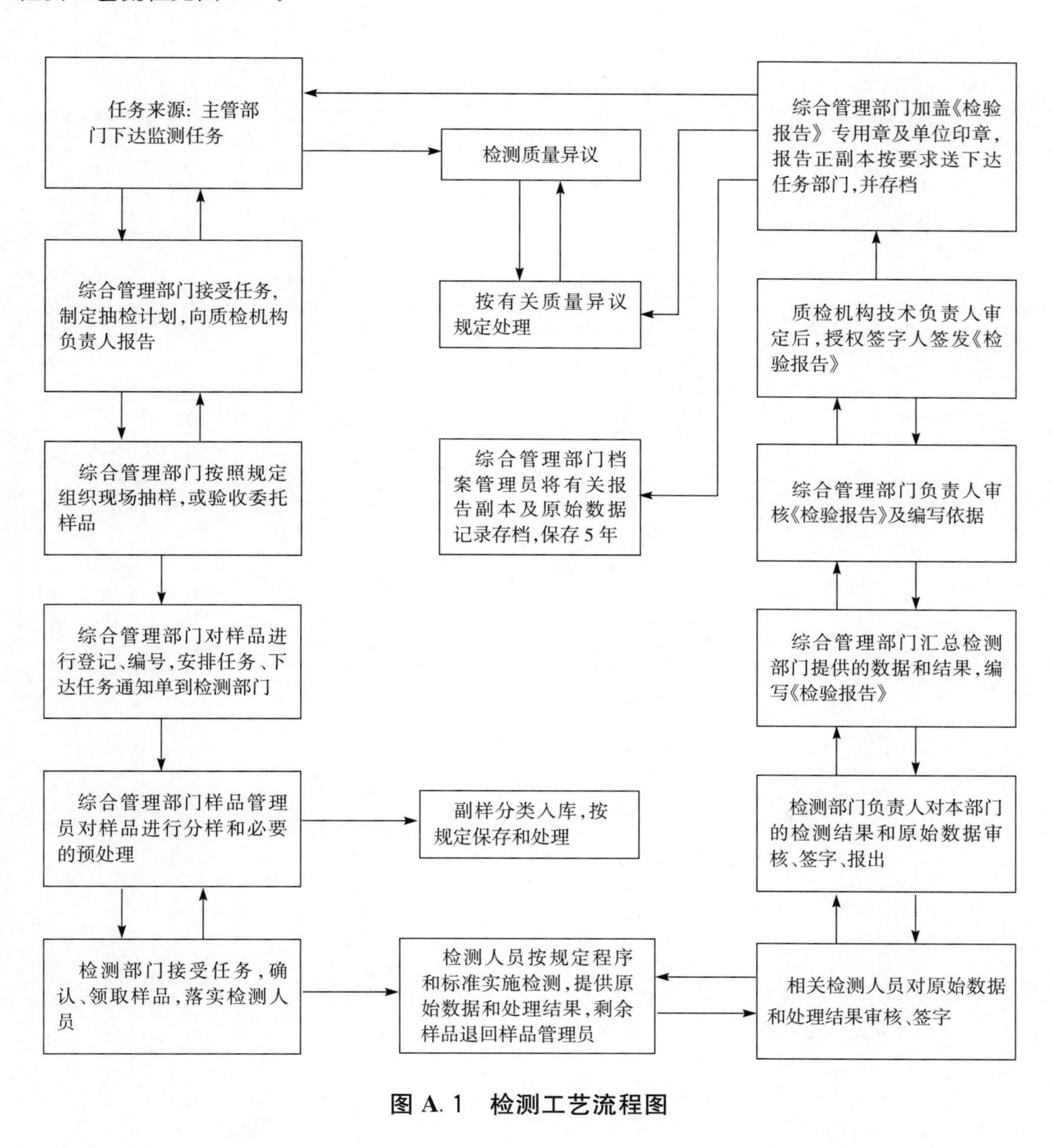

图 A.1　检测工艺流程图

ICS 65.040
P 35

中华人民共和国农业行业标准

NY/T 2246—2012

农作物生产基地建设标准　油菜

Construction critertion of crops production base—Rape

2012-12-07 发布　　2013-03-01 实施

中华人民共和国农业部　发布

目　次

前　　言

本标准按照 GB/T 1.1—2009 给出的规则起草。

本标准由农业部发展计划司提出。

本标准由全国蔬菜标准化技术委员会(SCA/TC 467)归口。

本标准起草单位:农业部规划设计研究院。

本标准主要起草人:郭爱东、刘贵华、蒋锐、蒋淑芝、丛玲玲、胡林、郭芳倩。

农作物生产基地建设标准　油菜

1　范围

本标准规定了国家农作物——油菜生产基地的建设标准。

本标准适用于新建、改建、扩建国家农作物生产基地建设(油菜)。本标准可作为编制农作物生产建设基地(油菜)规划方案、项目建议书、可行性研究报告、初步设计的依据。

2　规范性引用文件

下列文件对于本文件的应用是必不可少的。凡是注日期的引用文件,仅注日期的版本适用于本文件。凡是不注日期的引用文件,其最新版本(包括所有的修改单)适用于本文件。

GB 5084　农田灌溉水质标准

GB 15618　土壤环境质量标准

GB/SJ 50288　灌溉与排水工程设计规范

NYJ/T 06　连栋温室建设标准

NY/T 790　双低油菜生产技术规程

NY/T 1924　油菜移栽机质量评价技术规范

SL 371　农田水利示范园区建设标准

3　术语和定义

下列术语和定义适用于本文件。

3.1

油菜生产基地　rape planting base

在全国或地区农产品经济中占有较重地位并能长期稳定的和向市场提供大量油菜产品种子的集中生产地区。

3.2

油菜　rape

十字花科芸薹属一年生或二年生草本植物。

注:英文名:baby bokcho。中国是原产地之一。中国主要的油料作物及蜜源作物。茎圆柱形,多分枝。叶互生。总状花序,花淡黄色。长角果。种子球形,含油量33%~50%。中国栽培的油菜有白菜型油菜(*Brassica chinensis*)、甘蓝型油菜(*Brassica napus*)和芥菜型油菜(*Brassica juncea*)3个种。

3.3

油料作物　oil crops

以榨取油脂为主要用途的一类作物。这类作物主要有油菜、大豆、花生、芝麻、向日葵、棉籽、蓖麻、苏子、油用亚麻和大麻等。

3.4

冬油菜　winter rape

秋季或初冬播种,次年春末夏初收获的越年生油菜。分布于冬季较温暖、油菜能安全越冬的地方。在中国主要种植于南方以及北方的部分冬暖地区。

3.5

春油菜　spring rape

春季播种、秋季收获的一年生油菜。

注：在春寒地区，需要迟至5月才能播种，早熟品种可在7月收获。主要分布于油菜不能安全越冬的高寒地区，或前作物收获过迟冬前来不及种植油菜的地方。中国青海、内蒙古等地以及欧洲北部等高纬度或高海拔低温地带，均以种植春油菜为主。

3.6

灌溉渠　irrigation canal

从灌溉水源输送灌溉用水到需灌溉地点的渠道，一般情况下分为五级：干渠、支渠、斗渠、农渠和毛渠。

3.7

机耕路　tractor road

农机具（拖拉机、收割机等）出入田间地头进行耕、种、收、植等农田作业的田间道路。

4　建设规模

4.1　应按照“市场需求、生产实际”的原则合理确定生产建设基地规模。

4.2　生产基地建设规模按种植面积划分为小、中、大三类。各类别基地的种植面积应符合表1的规定。

表1　各级别生产基地种植面积(S)

所在区域		小型基地 hm^2	中型基地 hm^2	大型基地 hm^2
冬油菜	长江流域 （湖北、四川）	$50<S<100$	$100\leqslant S<600$	$S\geqslant 600$
春油菜	西北地区 内蒙古自治区	$150<S<500$	$500\leqslant S<3\,000$	$S\geqslant 3\,000$

5　选址条件

5.1　基地选址应符合当地土地利用总体规划和城乡规划。应因地制宜、合理布局、提高土地利用率，并进行方案论证。

5.2　基地建设宜选择交通便利、基础设施和农技服务体系比较完善的地区。

5.3　基地建设应选择日照充足，降水适中，地势平缓，土壤肥力中等以上，地力均匀，排灌条件好，能集中连片，形成一定规模的区域。其中，土壤应符合GB 15618的规定。

5.4　基地建设宜远离污染和自然灾害频发区。

6　工艺设备

6.1　工艺流程

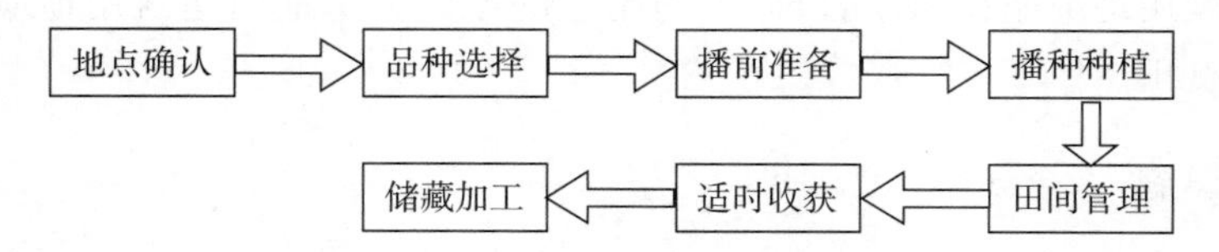

6.2　冬油菜生产要求

精细整地，种子处理，播种壮苗，适时移栽（或适时直播），合理密植，科学施肥，科学排灌，适时收获。

油菜移栽应符合NY/T 1924的规定。

6.3 春油菜生产要求

精细整地，种子处理，适时播种，科学施肥，适时收获。

春油菜具体要求见 NY/T 790。

6.4 各级别生产基地农机配备表

详见表 2 和表 3。

表 2 冬油菜地区农机配备表

序号	名称	单位	数量			备注
			小型基地	中型基地	大型基地	
1	拖拉机	台	2	3～4	4～5	50 hp
2	中耕施肥机	台	2	3～4	4～5	
3	小型旋耕机	台	2	3～4	4～5	
4	运输机	台	2	2	2～4	
5	电动喷药机	台	2	2	2～4	
6	播种机	台	2	2	2	
7	收割机	台	2	2	2	

表 3 春油菜地区农机配备表

序号	名称	单位	数量			备注
			小型基地	中型基地	大型基地	
1	拖拉机	台	5	5～15	15～20	80 hp
2	中耕施肥机	台	5	5～15	15～20	
3	小型旋耕机	台	5	5～15	15～20	
4	运输机	台	2	2	2～4	
5	电动喷药机	台	5	2	2～4	
6	播种机	台	5	5～15	15～20	
7	收割机	台	5	5～15	15～20	

7 建设用地与规划布局

7.1 油菜生产基地应由管理区、种植区和轮作区组成。种植区面积和轮作区比例宜为 1+2(或 1+3)，以便于每 2 年～3 年进行轮换种植。

7.2 油菜基地应按功能分区原则和生产工艺流程排列布局，田块划分应根据基地规模和耕作方式合理划分，可以 20 hm^2～40 hm^2 为单位布置机耕路，其间每 2 hm^2～4 hm^2 以田间路分隔。

7.3 油菜基地的建设用地应坚持科学合理、节约用地的原则。基地内建筑用地应集中布置，尽量利用非耕地，不占或少占良田。

8 建筑工程及附属设施

8.1 油菜生产基地辅助生产建筑应满足贮藏、方便生产的要求，做到安全适用、经济合理。根据油菜生产特点分为管理区、生产区和田间工程。管理区又分为生活管理区和仓储区。

8.2 管理区建设规模、建筑要求和建设用地，应根据基地规模合理配置。管理区主要分为生活管理区和仓储区。生活管理区主要建筑物宜设办公用房、宿舍和食堂；生产仓储区主要包括种子库、挂藏室、温室、农机库和晒场等。其建设标准应根据建筑物用途和建设地区条件等合理确定。温室建设应符合NYJ/T 06的规定。

8.3 管理区应选在地势较高、排水良好、通风向阳、水源清洁的场地。

8.4 生产区建设应符合油菜生产特点，用地选择应符合村镇规划标准。

8.5 各级别生产基地管理区、生产区主要建筑物详见表4。

表4 管理区、生产区建筑一览表

序号	建设内容	单位	建设规模			建设标准	备注
			小型基地	中型基地	大型基地		
1	办公用房	m^2	100	150～300	300	砖混结构	
2	职工宿舍	m^2	60	60～100	200	砖混结构	
3	食堂	m^2	100	100～200	300	框架结构	
4	锅炉房	m^2	50	50～100	180	框架结构	
5	机井房	座	1	2～3	3～5	砖混结构	
6	配电室	座	1	1	1	砖混结构	可设箱式变电站
7	门卫	m^2	20	20	20	砖混结构	
8	种子库	m^2	600	800～1 200	1 200～1 800	轻钢结构	
9	挂藏室	m^2	500	600～1 200	1 200～1 800	轻钢结构	
10	农机库	m^2	500	700～1 500	1 500～3 000	轻钢结构	
11	温室	m^2		300～1 200	1 200～2 000	轻钢结构	用于春油菜
12	晒场	m^2	4 000	4 000～6 000	6 000～8 000	混凝土	

9 田间工程

9.1 场区道路布置

9.1.1 田间道路应根据油菜种植生产特点划分机耕路（主路）和作业路（田埂）。

9.1.2 机耕路（主路）应包括边沟、排水明沟、边坡。

9.1.3 机耕路（主路）应保持稳定、密实、排水性能良好。

9.1.4 田间道路应符合农机具操作宽度。

9.1.5 排水的纵坡坡度应大于0.5%，平原地区排水困难地段不宜小于0.2%。

9.2 灌排

9.2.1 合理灌排是保证油菜高产稳产的重要措施。北方地区冬季干旱，常使冻害加重，造成死苗。南部地区后期雨水偏多，造成渍害或涝害。因此，应根据油菜的需水特点，因地制宜，及时灌排。

9.2.2 油菜耗水量的大小与产量水平、种植方式、品种类型及各地不同的气候等有关。一般随单位面积产量的提高，油菜需水量也相应增加。油菜全生育期需水量一般折合3 000 m^3/hm^2～4 500 m^3/hm^2。

9.2.3 灌排渠按照道路两侧布置，一侧灌水渠，一侧排水渠。灌溉渠渠道断面根据各地不同的油菜需水量确定。排水渠根据各地不同的降雨量确认。

9.2.4 灌排工程应符合SL 371及GB/SJ 50288的要求。灌溉用水应符合GB 5084的要求。

9.3 田间工程应符合油菜生产特点，各级别生产基地田间工程主要构筑物详见表5。

表 5　田间工程构筑物一览表

序号	建设内容	单位	建设规模			建设标准	备注
			小型基地	中型基地	大型基地		
1	田间道路	m	3 000～5 000	5 000～12 000	12 000～17 000	混凝土或碎石路面，150 mm～180 mm厚	机耕路(主路)
2	田埂	m	3 000～6 000	8 000～20 000	20 000～30 000	混凝土或砂石路，高0.6 m	适用于水田
3	机井房(抽水站)	眼	2～3	3～5	5～6	北方地区宜采用机井，南方地区可采用抽水站	机井数量根据当地出水量确认
4	灌水渠	m	2 000～3 000	3 000～10 000	10 000～15 000	明沟，砖砌或混凝土沟壁	沟断面根据灌溉定额确认
5	排水渠	m	2 000～3 000	3 000～10 000	10 000～15 000	明沟，砖砌或混凝土沟壁	沟断面根据当地降雨强度确认
6	高压线路	m	100～200	200～300	300～600	冻土层以下地埋	根据当地实际情况确定
7	低压线路	m	1 000～2 000	2 000～10 000	10 000～15 000	冻土层以下地埋	

10　节能节水与环境保护

10.1　节能节水

建筑设计应严格执行国家规定的有关节能设计标准。

10.2　环境保护

环保要求应严格执行国家规定的有关环保设计标准。

11　主要技术经济指标

11.1　一般规定包括：

a)　估算依据建设地点现行造价定额及造价文件；

b)　投资估算应与当地的建设水平相一致。

11.2　油菜生产基地辅助生产建筑的建设内容和规模应与种植规模想匹配，其建设投资参照相关标准确定，纳入总投资中。

11.3　油菜生产基地的建设投资包括建筑安装工程费用、工器具购置费用、工程建设其他费用和基本预备费四部分。

11.4　油菜生产基地各区域建筑规模及投资估算指标见表6和表7。

表 6　管理区建设内容及标准

序号	建设内容	单位造价 元/m^2	建设标准	备注
1	办公用房	1 500～2 000	砖混结构	
2	职工宿舍	1 000～1 500	砖混结构	
3	餐厅	2 000～3 000	框架结构	
4	锅炉房	2 000～2 500	框架结构	
5	机井房	3 000～3 500	砖混结构	
6	配电室	2 500～3 000	砖混结构	
7	门卫	1 000～1 500	砖混结构	

表7 生产区建设内容及标准

序号	建设内容	单位造价 元/m^2	估算标准	备注
1	种子库	1 000～1 500	轻钢结构	
2	挂藏室	600～1 000	轻钢结构	
3	农机库	800～1 200	轻钢结构	
4	温室	600～1 500	轻钢结构,风机湿帘,内外遮阳,开窗,照明	
5	晒场	200～300	150 mm厚混凝土带排水沟	

表8 田间工程构筑物内容及标准

序号	建设内容	单位	单位造价 元/m	估算标准	备注
1	田间道路	m	300～500	混凝土道路150 mm～180 mm厚或200 mm厚碎石灌浆	机耕路,宽度3 m
2	田埂	m	80～120	混凝土埂或砂石路	宽度1 m
3	机井	眼	2万～10万		
4	灌水渠	m	90～300	混凝土	
5	排水渠	m	50～200	混凝土	
6	高压线路	m	300～700	电缆	
7	低压线路	m	150～180		

11.5 油菜生产基地项目工程建设其他费用包括:

a) 项目前期(项目建议书、可行性研究报告)咨询费;

b) 勘察设计费;

c) 招标代理服务费;

d) 工程监理费;

e) 建设单位管理费;

f) 环境影响咨询服务费。

上述费用的取费标准以当地规定为准。上述费用中不包括供电配电贴费、三通一平费、培训费和水资源费,这些项目视各类项目的具体情况而定。此外,引种费、征地租地费也视各类项目具体情况单列。

11.6 油菜生产基地项目基本预备费为建筑安装工程费用、工器具购置费用、工程建设其他费用三项之和的5%～10%。

12 典型农作物生产基地示意图

见图1。

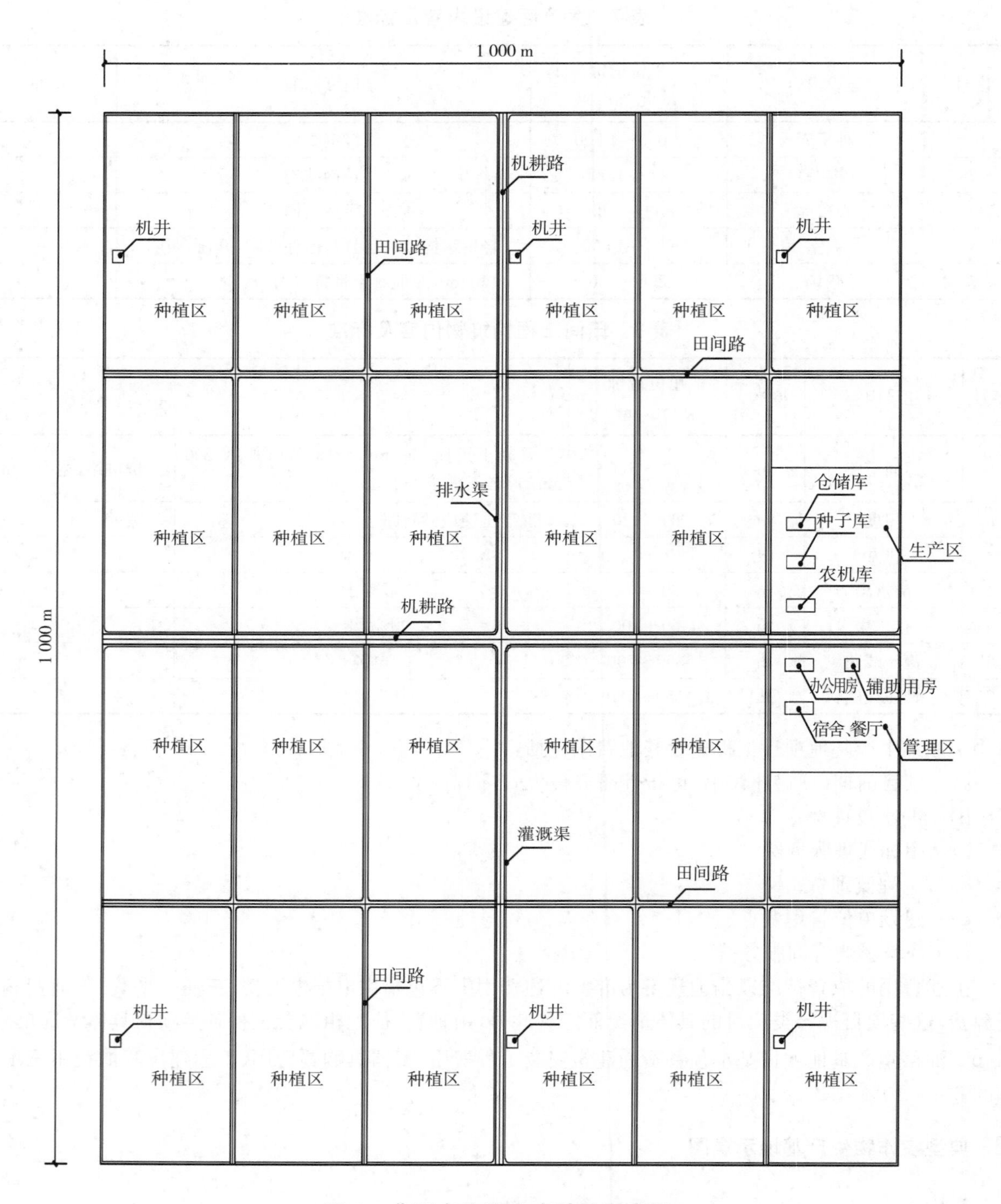

图 1　典型农作物生产基地示意图

ICS 65.020.01
B 00

中华人民共和国农业行业标准

NY/T 2247—2012

农田建设规划编制规程

Farmland construction plan preparation procedure

2012-12-07 发布 2013-03-01 实施

中华人民共和国农业部 发布

目　次

前　言

本标准按照GB/T 1.1—2009给出的规则起草。

本标准由农业部发展计划司提出并归口。

本标准起草单位：新疆生产建设兵团勘测规划设计研究院。

本标准主要起草人：张黎明、王健、朱蓉、张新评、陶学倡、阳辉、高翔、刘兴中、李东川、杨文泽、许自恒。

农田建设规划编制规程

1 范围

本标准规定了农田建设规划编制的要求、内容、编制准备工作、成果的提交和规划报批。

本标准适用于全国地、市、县、乡各级行政单位的农田建设规划的编制。

2 规范性引用文件

下列文件对于本文件的应用是必不可少的。凡是注日期的引用文件，仅注日期的版本适用于本文件。凡是不注日期的引用文件，其最新版本(包括所有的修改单)适用于本文件。

GB 3838 地面水环境质量标准

GB 5084 农田灌溉水质标准

3 术语和定义

下列术语和定义适用于本文件。

3.1

农田建设规划 farmland construction planning

为提高土地生产能力和农业服务功能，最大限度地发挥土地的经济效益、社会效益和环境效益，对规划区域农田进行合理布局，划分功能区域，通过对田块整治、土壤改良、工程建设、生产与生活服务设施等进行系统规划，制订科学实施方案的过程。

3.2

农业田间工程 farmland work

为保障农业生产或服务而在农用土地上修建的工程设施，包括土地平整、土壤改良、田块整理、沟渠(主要指斗、农渠和排沟)、田间道路(包括田埂)、林网、水源(井、塘、池)、农田电网以及其他构筑物等建设内容。水产养殖需要建设的塘、池、田也视作田间工程。

3.3

田块整治 farmland consolidation and improvement

为了便于灌排、机耕和防止水土流失，对坡度$<5°$的地面不平的农田进行土地平整，坡度为$5°\sim25°$的坡地进行坡田改梯田的工程及措施的总称。

3.4

土壤改良 amelioration of soil

改善土壤物理、化学性状，恢复和提高土壤肥力的技术措施。

3.5

土地平整 land levelling

为使灌水均匀并满足机耕等要求而进行的田面整平工作。

3.6

平整精度 level off degree

平整后耕作田块内部田面的平整程度，一般以平整后耕作田块田面绝对高差范围表示。

3.7

坡改梯 changing slope fields into terrace

通过对坡地实施修筑土(石)埂、增厚土层、土地平整、整治坡面水系等工程措施,变坡地为水平梯田或缓坡梯地,达到土壤保水、保肥、保土、高产稳产的目的活动总称。

3.8

耕作田块　farming plots

一般指条田,是末级固定田间工程设施(如渠、沟、林带等)所围成的地块,是田间作业、轮作和工程建设的基本田块,是田间灌溉和排水的基本单元。

3.9

农田节水灌溉　farmland water-saving irrigation

根据作物需水规律和当地供水条件,高效利用降水和灌溉水,以取得农业最佳经济效益、社会效益和生态环境效益的综合措施。

3.10

田间道　field road

主要为货物运输、作业机械向田间转移等生产过程服务的道路。其路面宽度一般在 3 m 以上。

3.11

生产路　production road

为人工或农业机械田间作业和收获农产品服务的道路。其路面宽度一般在 3 m 以下。

3.12

温室　greenhouse

以采光覆盖材料作为全部或部分围护结构材料,有保温(或加温)设施、可在冬季或其他不适宜露地植物生长的季节供栽培植物的建筑。

3.13

基础设施　infrastructure

居民点生存和发展所必须具备的工程型基础设施和社会性基础设施的总称。

4　准备工作

4.1　组织及技术准备

4.1.1　组建编制领导小组。各地区可根据本地农田建设区域的范围大小、协调难度大小和工程难易程度等,视需要组建规划编制领导小组或者指定专门的领导和协调部门,以有利于规划编制工作的开展。

4.1.2　组建规划编制组。应委托有相应农田工程规划设计资质的单位进行规划编制,由设计单位的相关行政领导、专业技术领导和农业、水利、土地、电力、道路及其他有资质的技术人员,组建规划编制组,负责规划的具体编制工作。

4.1.3　制订编制工作大纲,包括项目区概况、规划指导思想、依据、规划主要内容、人员配备、工作进度、技术路线、成果要求与经费安排等。

4.2　资料收集

4.2.1　根据农田建设规划需要解决的问题和规划任务、目标,有针对性地调查收集规划区内的自然概况资料和社会经济资料等。

4.2.2　自然概况资料包括行政区划、区位条件、自然概况、资源概况和生态环境等方面的资料。

4.2.3　社会经济资料包括人口状况,社会经济发展情况,农业生产情况,农田工程建设的详细情况,农业、水利、林业、道路、电力等相关的规划资料,各种基建材料及产品价格信息,目前的经验及存在的问题等方面的资料。

4.2.4　各类工程建设需要的基本资料。地形图比例尺应当根据规划级别(全国性、地市级、县级、乡级的农田建设规划)不同而确定,工程地质和水文地质勘察资料、土壤调查或详查资料。应重点收集土地利用现状和规划资料。

4.2.5 征求当地政府及农民对农田建设的规划设想和建议,增加公众参与性。

4.2.6 详细资料收集可参见附录A。

4.3 现场踏勘

4.3.1 现场踏勘主要任务为实地查看规划相关内容,主要为踏勘规划区农田自然环境状况、农田生产情况、已建工程设施和存在的问题等。

4.3.2 农田自然环境状况踏勘主要包括气象、地形地貌、水资源、土壤、自然植被和生态环境等情况。

4.3.3 农田生产情况踏勘主要包括规划区的土地利用、作物种植、生产经营和生产效益等情况。

4.3.4 已建工程设施情况主要包括项目区已有的水利、交通、电力和林网等设施现状,即项目区及附近灌排工程分布、灌排设施完好程度、机电井分布及完好率;道路级别、路面状况以及与现有主要道路衔接情况;电力线及电源;各类林带类型、防护效果和林带规划。以上工程包括正在建设或拟建的水利、交通、电力和林网等设施的情况。

4.3.5 存在问题的踏勘主要是对影响农田生产能力的主要障碍因子的重点调查,对已经采取或拟采取的应对工程措施进行查看,了解实施效果。

4.3.6 现场踏勘工作还应包括对当地各个部门的意见以及农民的建设意愿和经济承受能力的调查。

5 编制规定

5.1 报告编制主要内容

5.1.1 规划依据、指导思想及原则

5.1.1.1 规划中应阐述农田建设工程的依据、规划指导思想和原则。

5.1.1.2 规划依据包括编制规划所依据的法律、法规、政策依据、标准以及主要技术文件资料等。

5.1.1.3 指导思想应体现国家对农田建设规划方面的最新要求,同时对农田的综合整治、土地利用率、农业生产条件、生态环境建设等方面提出规划的方向性意见,提出应达到的总体目标。达到加强农田水利建设、田块整治、中低产田改造,提高耕地质量、农业综合生产能力和防灾减灾能力的目的。

5.1.1.4 规划应提出符合国家法律法规、全面规划、综合治理和利用、因地制宜、突出重点、注重实效、可持续发展、经济合理等方面的原则。

5.1.2 规划目标及水平年

5.1.2.1 提出规划应达到的总体目标,即提出通过工程建设,使得农田的灌排设施配套、农田平整、田间道路畅通、农田林网健全、生产方式先进、产出效益较大幅度提高的具体指标要求。

5.1.2.2 农田建设规划的目标,应根据考虑各方面条件,结合农田建设任务的轻重缓急,经分析论证拟定。

5.1.2.3 规划应规定规划期、基准年和规划水平年,规划水平年宜与国家建设计划及长远规划的年份一致。

5.1.3 总体布局

5.1.3.1 总体布局应在分析总结经验教训和存在问题的基础上,研究确定农田建设的原则、标准和任务,提出农田建设的目标和总体规划方案。

5.1.3.2 农田建设规划的建设标准和任务,应紧密结合当地的实际,考虑当地农民的建设意愿和经济承受力,从有利于提高农业综合生产能力、促进农业结构调整、提升农业效益的角度出发,经研究确定。

5.1.3.3 农田建设规划应突出重点,不要求涉及工程建设所有方面。规划重点在于农田的田间工程,包括必需的配套取(引)水工程、输配电工程等。

5.1.3.4 农田建设规划总体方案，应研究影响当地农田生产能力的重要因素和主要工程，对农田建设有重要影响的灌排工程、道路、电力、林网等重点工程的布局，应通过方案比较分析选定。选定的方案应尽可能满足各部门、各地区的农业生产基本要求，并具有较大的经济、社会与环境的综合效益。

5.1.3.5 如果当地自然资源、经济发展水平、农田水利工程现状、农艺技术需要等存在显著差异，可以进行分区规划，提出分区建设重点。

5.1.4 耕作田块规划

5.1.4.1 应在充分了解现状，同时与区域农业生产的特点、种植布局和发展要求相协调的基础上，进行耕作田块规划。主要包括田块总体布局和田块单元规划两大部分。

5.1.4.2 按照因地制宜、综合治理的原则，确定规划区田块布局的范围、位置、用地规模，合理划定各类农用地的用地区域，拟定田块总体布局方案。

5.1.4.3 田块单元规划应规划到田块(条田)，必须结合当地的地形条件，考虑农田灌排、机械作业效率、土地平整、防风、生产组织等要求，拟定田块单元适宜的规模、方向、形状和长宽。

5.1.4.4 耕作田块规划要考虑“山、水、田、林、路”综合协调，最大限度地提升土地生产力，方便生产，保护土地资源与环境。有利于建设以农田为核心、结构合理、“经济、社会、生态效益”统一的农田生态系统。

5.1.4.5 要求规划后耕作田块内的坡向、土壤、平整度尽可能一致。

5.1.4.6 耕作田块规划应与综合农业区划、区域开发及相关规划等密切结合和相协调。

5.1.4.7 在平原干旱地区，一般以渠路为骨架进行田块规划；滨海滩涂区耕作田块规划应注意降低地下水位，洗盐排涝，改良土壤，改善生态环境；在地形复杂地区，应注意防止水土流失，减少地表径流，根据地形特点和等高线方向确定合理的耕作方向。

5.1.5 田块整治及土壤改良规划

5.1.5.1 田块整治及土壤改良规划一般包括土地平整、坡改梯和土壤改良三大部分。

5.1.5.2 为提高土地的生产效率和农业生产能力，一般都应进行土地平整。该工程应与土地利用的其他工程相协调。

5.1.5.3 各地应根据当地的地形、土壤、机耕要求等实际条件进行土地平整规划，规划应确定土地平整的范围、土地平整单元的大小。

5.1.5.4 考虑规划区不同区域的情况，选择有代表性的、面积不少于占平整区域5%的地块，进行典型田块土地平整设计(规划)。在土地平整设计中，要确定平整田块的设计标高、田面坡度、平整精度，并据此提出土地平整土方量和土方平衡计算成果。根据典型区设计成果提出规划区平整土方量和土方平衡方案。

5.1.5.5 在丘陵、高原等地形起伏、坡度较大、已为坡耕地的区域，在经济允许的条件下，应尽量改造为梯田，进行坡改梯规划。

5.1.5.6 在土壤侵蚀原因调查的基础上进行坡改梯规划。规划应确定坡改梯的范围、地点、规模，根据不同的地形坡度布置梯田位置、形状、大小、方向以及规划改造后梯田的田面宽度和长度。

5.1.5.7 考虑规划区不同区域的情况，选择有代表性、面积不少于占坡改梯面积5%的地块，进行典型田块坡改梯设计(规划)。在设计中，要确定田块的设计标高、田面坡度、田面宽度、田块长度、挡土墙的型式、纵横断面设计、材料、运距等，并据此提出坡改梯的土石方量。根据典型区设计成果提出规划区坡改梯土石方量。

5.1.5.8 坡改梯也应相应采取其他措施，如耕作培肥措施、植物措施等。

5.1.5.9 土壤改良规划应根据当地土壤的不良性状、障碍因素，结合当地的自然条件、经济条件，因地制宜地制定切实可行的规划，并进行分步实施，以达到有效改善土壤生产性状和环境条件，最终达到农业增产增收、农民和职工致富及生态环境改善的目标。

5.1.5.10 在查清低产土壤障碍因素、总结以前低产土壤改良做法的前提下，提出土壤改良的目标和任务，制定针对性的土壤改良措施，包括水利、农业、生物和化学等措施。如有拉沙改土、石灰石改土等措施，应提出具体的材料量、来源和运距等。

5.1.5.11 为保护耕作层的地力，应明确表土剥离与回填等要求。

5.1.6 农田灌排工程规划

5.1.6.1 农田灌排规划应根据各地实际情况选择。在降水量不满足作物生长需要的地区，应重视灌溉工程规划；在干旱、滨海滩涂等有盐碱、洪涝危害的地区应制订完善、通畅的排水规划。

5.1.6.2 农田灌排规划应在调整规划区内的灌溉现状和农业生产对灌溉要求的基础上，结合水源条件，拟定灌溉范围及灌溉方式，确定灌溉保证率、设计标准、灌溉制度、引(配)水布置及规模、田间灌排渠系布局方案，同时确定规划区排水系统的布局、排水的容泄区，最后进行典型区田间灌排工程设计(规划)。

5.1.6.3 需要灌溉区域的规划应结合综合农业区划，在水土资源平衡分析的基础上，研究不同水源配合运用的合理方式，提出适合当地的规划原则和措施，并据以拟定可能的灌溉总面积和灌溉系统布置方案。

5.1.6.4 灌溉设计标准应根据水源条件、农业生产要求与相应作物组成和经济发展水平等因素，合理选定。

5.1.6.5 灌溉制度应根据当地农田的水源、土壤、地形和降雨等条件，以及种植作物、农业技术措施和节水灌溉技术等因素，参照当地高产、节水的灌溉经验及有关试验资料，分析确定。

5.1.6.6 农田灌排规划应因地制宜，选择引水地点、取水方式、引水规模以及必要的蓄引提等主要工程措施。原则上以农田的田间灌排工程为主，但涉及为农田服务的骨干引、排水工程也应纳入本农田灌排规划中。

5.1.6.7 农田建设一般应有灌有排，防止土壤盐碱化、沼泽化。灌排渠系应根据地形、地质、水系、承泄区等条件，尽量照顾到行政区划合理布置。在条件允许的情况下，灌溉渠系设置应力求扩大自流灌溉面积。排水沟布置应因地制宜采取排、截、滞、抽等方式。具有多水源或兼有其他开发利用任务的灌区，应研究多种可行的方案，经技术经济论证选择最优开发方案。

5.1.6.8 规划的井灌区应分析预测长期开采后的地下水动态变比，研究提出实施地表水、地下水联合调度运用的方案。防止过量开采地下水可能对生态和环境造成的不利影响。

5.1.6.9 对已建成农田的改造，应根据当地社会经济发展的新要求，提倡实施节水灌溉，因地制宜提出灌排渠系和建筑物改建方案。必要时，可对供水水源进行适当调整。

5.1.6.10 选择的灌溉水源的水质要符合灌溉水标准，不能直接引用未经处理、不符合灌溉水标准的城市工业污水，防止污染土壤和地下水。地面水、地下水或处理后的城市污水与工业废水，只要符合 GB 3838 和 GB 5084 的要求，即可作为灌溉水源。

5.1.6.11 农田节水灌溉规划应与当地水资源开发利用、农村水利及农业发展规划、土地整理规划相协调。应确立农田节水灌溉规划的建设标准和目标。目标应符合本地区当前节水灌溉发展的总体要求，并与当地水、土资源开发利用和农业发展规划相协调。

5.1.6.12 农田节水灌溉规划应实现优化配置、合理利用、节约保护水资源、发挥灌溉水资源的最大效益。规划应根据本地区现状节水灌溉建设、运行情况，结合资源、经济条件，分析农田节水灌溉发展方向和潜力。

5.1.6.13 应根据地形地貌、气象、水资源、土壤、农业种植结构等自然和社会经济条件，通过经济、技术、运行、管理、维护、节能、环境影响等多个方面的比选，因地制宜地确定最优的节水灌溉方案。方案应符合相应的国家技术标准和本省(区、市)相关技术规范要求。

5.1.6.14 根据节水灌溉方案,结合灌区水土资源平衡分析,确定节水灌溉工程面积并进行工程总体布置,提出主要建设内容。自然条件有较大差异的灌区,应分区进行工程总体布置。

5.1.6.15 考虑灌排工程规划的情况,根据确定的规划方案,选择具有代表性灌溉与排水工程、节水灌溉典型区域进行典型设计。在典型设计中,应对骨干灌排提工程、田间典型灌排渠道、管网工程、机井及涉及建筑物进行设计,包括渠系的纵横断面设计图,管网设计图,提灌(排)站、建筑物(机井)的平面图和剖视图,表示出构筑物的长、宽、高等具体尺寸及材料名称等,并据此提出材料工程量。根据典型区设计成果提出规划区灌排工程及节水工程所需各类材料工程量。

5.1.6.16 规划应提出灌排管理要求,包括工程管理、用水管理、生产管理和组织管理四方面内容。

5.1.7 田间道路规划

5.1.7.1 田间道路规划应从方便农业生产与生活、有利机械化耕作、少占耕地等方面综合考虑。一般包括田间道和生产路的布置。

5.1.7.2 应根据以上要求,明确规划区田间道路的分级,合理确定各级田间道路走向、长度和宽度。

5.1.7.3 根据项目区实际分级情况,选取典型的各级道路进行典型设计,包括道路的纵横断面设计。其中,横断面主要确定路面宽度和路面结构,并对配套桥、涵等道路建筑物设计。根据典型设计估算总体道路工程的工程量。

5.1.7.4 各地道路规划应因地制宜,同时与沟、渠、林、田块和村庄结合布置。

5.1.7.5 道路线路布局尽可能平直,线长最短,联系便捷,避开低洼沼泽地段。

5.1.7.6 改建道路布局,应充分利用现有道路、桥梁、涵洞和堤坝等工程建筑物,并考虑远景发展的需要。

5.1.8 农田防护林规划

5.1.8.1 农田防护林规划必须坚持为农业生产服务的方向,必须贯彻“因地制宜,因害设防,全面规划,统筹安排”的原则,对沟、河、渠、田、林、路统一规划,对风、沙、旱、涝综合治理。

5.1.8.2 农田防护林紧密结合固沙、水土保持、渠路保护、护岸建设等的需要,统一规划,发挥多种林种的作用,形成可持续经营的综合生态防护林体系。

5.1.8.3 应确定农田防护林的布局形式、种植比例和面积,主副林带的朝向、宽度、林带结构,林带间距、株行距和拟种植树种等。根据当地种苗市场条件和经济条件,进行种苗规划。区别对待新开发区、现耕地的农田防护林规划。

5.1.8.4 在风沙前沿地区宜建立防风固沙林和用材林基地。丘陵区宜重点发展水土保持经济兼用林;平原区建成以农田林网为主的防护用材林基地,并对过熟农田防护林进行更新改造。

5.1.8.5 防风固沙林可根据实际情况选择设置。需要时,设置在农田林网外围的沙丘前沿地带及流沙边缘与农田绿洲相交处。规划应按照不同的防风固沙目的选择不同类型。

5.1.8.6 一般应根据丘陵、山地、沟壑的水土流失情况设置相应的水土保持林。规划需确定水土保持林的具体位置、面积、树种和株行距。

5.1.8.7 护岸林布置在河流两岸及水库岸坡,防止塌岸和冲刷岸坡的林地。可考虑与防风固沙林、水源涵养林相结合设置。根据当地具体情况确定林带宽度、林带结构、树种及株行距。

5.1.9 田间电力规划

5.1.9.1 田间电力规划应在所接电网有足够的供电能力、能满足供电区域内各类用户负荷增长需要的情况下进行,一般不包括电源规划。

5.1.9.2 合理确定电网的电压等级、接线方式和点线配置方案,使其电网结构优化合理。

5.1.9.3 田间电力规划主要包括预测用电负荷,确定供电电源来源、功率、容量、电压等级、供电线路和供电设施。

5.1.9.4 电力工程规划一般要求输电、变电配电容量协调，无功电源配置适当，功率因数达到合理水平（>0.9），供电可靠率不断提高。

5.1.9.5 应符合环境保护的要求，节约土地，少占农田，并优先采用新技术和性能完备、运行可靠、技术先进的新设备。

5.1.9.6 高低压输电线路路径和杆位的选择布置应以不防碍机耕作业为原则，导线及绝缘子、电杆的技术要求配电线路所采用的导线，应符合国家电线产品技术标准。

5.1.9.7 变电配电设施应设在负荷中心或重要负荷附近以及便于更换和检修设备的地方，其容量应考虑负荷的发展和运行的经济性等。

5.1.10 设施农业规划

5.1.10.1 设施农业建设地点应选择通电、通水、通路条件较好的地区。

5.1.10.2 按照因地制宜、全面规划、分步实施、突出重点、三产联动、滚动发展的原则确定设施农业的建设目标和总体布局等，布局包括设施农业建设区域、位置和规模等。

5.1.10.3 规划应结合主导产业发展规划、农机化发展规划，尽量避免与粮争地，拓展设施农业发展空间。

5.1.10.4 围绕提高效益开展规划，优先选择先进适用、易于操作、成本较低的设施种类，特别要在设施建设规划上坚持经济适用。统一规划水、电、路等基础条件，降低投入成本。

5.1.10.5 设施农业一般指温室和大棚。规划应包括温室和大棚建设中的用地规模、道路布局、建筑结构、灌排系统、电力、通风、降温和采暖等设施的规划。

5.1.10.6 在分析设施农业规划区的地形地势、地质土壤以及水、电、路等条件，是否满足发展设施农业的相关标准要求的基础上，进行道路工程规划，确定设施农业区的路网密度、道路等级划分、各级道路建设规模。

5.1.10.7 温室或大棚的建筑规划应包括建筑结构类型、单栋建筑间距、朝向以及尺寸的规划，各项规划指标均应满足项目所选择的温室结构对采暖、通风、日照、运输以及防火的要求。

5.1.10.8 设施农业的灌排工程规划应确定设施农业区灌溉方式、灌水量、灌排工程的布置、建设标准、设计流量和规模等。

5.1.10.9 电力工程规划主要包括设施农业区的用电负荷预测，确定供电电源、电压等级、供电线路和供电设施。

5.1.10.10 对温室环境控制与调节系统的规划应提出控制性的要求，包括通风系统、空调系统、采暖系统、电气和自动控制系统、遮阳和降温系统等。

5.1.10.11 应选择在设施农业规划区具有代表性的类型进行典型设计，包括建筑、灌排水、电力、道路、自动控制系统的典型设计。根据典型设计的工程量估算总工程量。

5.1.11 投资及效益分析

5.1.11.1 农田建设规划项目涵盖田块规划、田块整治、农田灌排建设、高新节水灌溉、防护林建设、道路、电力、设施农业建设等专项工程，对规划中的主要工程项目如田块整治、灌排建设和高新节水等工程，可统一采用相应的工程投资概（估）算办法编制及类似编制依据进行测算，对道路、电力、设施农业建设等专业工程项目的固定资产投资可按典型工程概算或扩大指标估算，然后与上述专业建设投资汇总处理。

5.1.11.2 专项工程建设投资估算内容应包括：投资估算编制的依据、方法及采用的价格水平年，主要材料预算价格，主要设备原价、运输方式，水、电、沙及石料单价、人工费等。

5.1.11.3 投资估算应附总估算表，分部工程估算表，独立费用计算表，分年度（或分阶段）投资表，单价汇总表，主要材料预算价格汇总表，施工机械台时费汇总表，主要材料量汇总表，设备、仪器及工具购置表等。

5.1.11.4　资金筹措应提出项目投资组成(建安工程、田间工程、仪器设备购置、其他投资)、投资承诺意见书复印件及资金筹措方式(中央财政资金、地方配套资金、自筹资金)。

5.1.11.5　根据施工进度安排，说明分年投资计划。

5.1.11.6　效益分析应包括社会效益分析、生态效益分析和经济效益分析。

5.1.11.7　社会效益分析应阐述农田建设规划项目建设期的社会影响、项目完成后维持社会稳定和发展项目区经济方面的作用。社会效益评价指标包括人均耕地增减数量、农业增产量、人均收入水平、新增劳动就业人数、耕地质量与综合生产能力等。

5.1.11.8　生态效益分析应阐述项目的生态效果，预测项目建设产生的生态影响、水环境的影响和土壤环境的影响，并提出防治措施。

5.1.11.9　农田建设规划项目的经济效益应重点分析建设前和建设后农作物产量发生变化后带来的增产效益，计算投入产出比。对项目区耕地质量与综合生产能力提高的评价。

5.1.11.10　农田建设项目属于公益性或准公益性项目，只进行国民经济评价。国民经济评价指标应包括经济内部回收率、经济净现值、经济效益费用比和投资回收期等，并进行敏感性分析；对公益性或准公益性项目，进行财务评价时可只计算年运行费用和总成本费用。

5.2　图件规定内容

5.2.1　一般要求

5.2.1.1　图纸应有目录。

5.2.1.2　应符合国家颁布的相关专业制图标准。

5.2.1.3　图纸应清晰表达规划意图、美观、大方。

5.2.1.4　图纸应有图题、图框、指北针、图例和图签。

5.2.1.5　图纸的图饰风格应保持一致。

5.2.2　区域位置图

5.2.2.1　区域位置土一般绘制在行政区划图上，出图比例与规划文本相协调。图纸反映项目区所处区域的自然地貌、地理特征、村镇分布情况。

5.2.2.2　主要包括以下内容：行政区域界线；区域地形、地貌；区域主要居民点分布；项目区位置、范围。

5.2.3　现状图

5.2.3.1　根据项目区规划用地大小，可选择适宜比例尺，根据规划级别(全国性、地市级、县级、乡级的农田建设规划)不同而确定。

5.2.3.2　现状图应包含现状内容，包括项目区界限及四邻关系；项目区界限内的现有与规划工程相关的各种地形、地物，区域主要工程设施状况；区域农用地分布情况；如已有的居民点、水利、电力、道路和耕地等。

5.2.3.3　应有现有相关工程的工程量统计表。

5.2.4　总平面规划图

5.2.4.1　总平面规划图应包含规划的各项专项工程，即：灌溉排水工程，包括取水构筑物、输(配)水渠(管)、排水沟(管)、水工建筑物、节水灌溉骨干管网等；田间供电工程；耕作田块工程；田间道路工程；防护林工程；设施农业工程。

5.2.4.2　规划的专项工程应在图中标识出工程的位置、总体规模和工程的具体数量等。

5.2.4.3　应有各项工程的工程量统计表。

5.2.4.4 图框应有经纬度。

5.2.5 典型工程规划设计图

5.2.5.1 田块整治工程应绘制典型区的平整土方设计图,标注出挖填高程和土方量。山丘区应绘制典型的梯田和护坡(挡土墙)纵横断面,标注出挡土墙各部位的尺寸、材料和名称等。

5.2.5.2 灌溉、排水工程应绘制典型的纵横断面图和建筑设计图。图中应标示出灌排工程的水力要素和剖面结构。典型设计的各种构筑物,应绘制平面图和剖视图,表示出构筑物的长、宽、高等具体尺寸及材料名称。

5.2.5.3 节水灌溉工程应绘制典型节水灌溉工程的平面布置图、管网节点连接图、轮灌顺序图、节点压力图和首部设计图等。平面布置图中应标注出首部、各级管道的名称、规格和长度及附属建筑物(如阀门井、镇墩等)的位置;管网节点连接图应表示出各级管网、管件、配套设施(如阀门、量测、监测设备等)之间的连接关系;轮灌顺序图应表示出设计工况下的灌水小区开启顺序;节点压力图应表示出最不利设计工况下各节点和灌水小区的工作压力;首部设计图应表示出各种设备的名称和连接关系。

5.2.5.4 防护林工程应绘制典型横断面图,标注出防护林结构组成和株行距。

5.2.5.5 田间道路工程应绘制典型道路的纵横断面图、建筑物的设计图。纵断面图中标注出道路沿线高程、坡度、坡长、转弯半径等设计要素和交叉情况;横断面图中标注出道路的结构尺寸。

5.2.5.6 田间电力工程应绘制典型供电线路的线路、变压器、各种杆型的组装图。

5.2.5.7 设施农业工程应绘制典型设施农业类型的设计图,表示出设施农业中的建筑、灌溉、排水、供电、采暖、通风等各种工程的结构型式、纵横断面、主要设施设备等。

5.3 规划附件

应包括与农田建设规划编制相关的专题研究报告、专题工作报告、必要的基础资料及其他相关资料附件等。

6 规划评审与修改

6.1 规划的评审和批准实施

为保证规划成果质量,由上级农业主管部门组织规划评审专家组对规划成果进行评审,规划评审应符合下列要求:

a) 规划提出要解决的农田建设任务符合实际,规划目标切实可行;
b) 土地用途应符合当地农业发展规划及土地利用总体规划确定的用途;
c) 规划较好地做到了社会效益、经济效益和生态效益的统一;
d) 农田建设规划的重点建设区域划分科学、工程布局合理、措施得当、有利于大幅度提高农业生产能力;
e) 规划与其他部门的规划协调性较好;
f) 规划采取的基础资料详尽、真实、可靠;
g) 规划报告内容符合要求、论述清晰、结论可靠;
h) 规划图件内容全面,编绘方法正规,图面整洁清晰。

规划成果评审专家组对被评审的规划成果应作出结论,符合评审要求应评为合格,可报送有批准权的机关批准公布实施;对规划成果不合格或部分内容不合格的,评审小组应提出修改或补充的具体意见。

6.2 规划的修改

经批准的农田建设规划,在实施过程中因情况变化需要进行较大修改的,必须报原批准机关批准。

附 录 A
(资料性附录)
收集基础资料分类

收集基础资料分类见表A.1。

表A.1 收集基础资料分类表

基础资料分类	主要内容
行政区划与区位条件	规划区行政建制与区划、村庄数量分布、毗邻地区等情况;区位优势、所处地域优势和产业优势情况
自然条件与资源	气候气象、地貌、土壤、植被、水文、地质、自然灾害(如洪涝、地震、地质灾害)等情况;水资源、森林资源、矿产资源、生物资源、海洋资源等情况
人口情况	(1)历年总人口、总户数、人口密度、人口自然增长、人口机械增长等情况 (2)户籍人口、常住人口、暂住人口、劳动力就业构成、剩余劳动力流向、外来劳动力从业等情况
经济社会生态环境	(1)农村经济社会综合发展状况、历年国内生产总值、财政收入、固定资产投资、人均产值、人均收入、农民纯收入、贫困人口脱贫等情况 (2)产业结构、主导产业状况及发展趋势,村镇居民点建设状况 (3)城乡建设及基础设施,能源、采矿业发展,对外交通等情况 (4)生态环境状况(土地退化、土地污染、水土流失等)
农田基础设施建设概况	(1)现状水利情况 (2)现状水资源情况、灌溉制度 (3)现状防护林建设情况 (4)现状农田建设情况,条田方向,规格等 (5)现状农用道路建设情况
相关规划成果	(1)涉及本规划区的城市规划(城镇体系规划)、村镇规划(村镇体系规划)、开发区规划、农业综合开发规划、江河流域综合整治规划、自然保护区规划、风景名胜保护规划、地质灾害防治规划、生态建设和环境保护规划,交通、水利、环保、旅游等相关部门涉及土地利用的规划成果等 (2)重点收集规划区内的土地利用现状和总体规划资料,包括土地利用现状资料、土地利用总体规划、土地整理专项规划资料、土地开发潜力调查资料、土地评价资料等

图书在版编目（CIP）数据

农业工程项目建设标准：2012/农业部发展计划司编．—北京：中国农业出版社，2013.9
ISBN 978－7－109－18340－7

Ⅰ.①农…　Ⅱ.①农…　Ⅲ.①农业工程－建设－标准－中国　Ⅳ.①S2－65

中国版本图书馆CIP数据核字（2013）第216158号

中国农业出版社出版
（北京市朝阳区农展馆北路2号）
（邮政编码 100125）
责任编辑　刘伟　廖宁　李文宾

中国农业出版社印刷厂印刷　　新华书店北京发行所发行
2013年10月第1版　　2013年10月北京第1次印刷

开本：880mm×1230mm　1/16　　印张：12.75
字数：382千字
定价：98.00元